21 世纪应用型人才培养教材
高等职业教育测绘课程系列规划教材

控制测量实训指导

主　编　马　驰　　郭　涛　　张　军
副主编　司大刚　　胡良柏　　刘　攀
　　　　吴士夫　　张慧慧　　刘　岩

西南交通大学出版社
·成　都·

图书在版编目（CIP）数据

控制测量实训指导 / 马驰，郭涛，张军主编. 一成都：西南交通大学出版社，2015.2

21 世纪应用型人才培养教材　高等职业教育测绘课程系列规划教材

ISBN 978-7-5643-3771-1

Ⅰ. ①控… Ⅱ. ①马… ②郭… ③张… Ⅲ. ①控制测量－高等职业教育－教材 Ⅳ. ①P221

中国版本图书馆 CIP 数据核字（2015）第 033475 号

21 世纪应用型人才培养教材
高等职业教育测绘课程系列规划教材

控制测量实训指导

主编　马　驰　郭　涛　张　军

责任编辑	胡晗欣
特邀编辑	柳堰龙
封面设计	何东琳设计工作室
出版发行	西南交通大学出版社 （四川省成都市金牛区交大路 146 号）
发行部电话	028-87600564　028-87600533
邮政编码	610031
网址	http://www.xnjdcbs.com
印刷	四川煤田地质制图印刷厂
成品尺寸	185 mm × 260 mm
印张	6.5
字数	161 千
版次	2015 年 2 月第 1 版
印次	2015 年 2 月第 1 次
书号	ISBN 978-7-5643-3771-1
定价	14.00 元

前　言

本书是根据教育部《关于推进高等职业教育改革创新引领职业教育科学发展的若干意见》（教职成〔2011〕12 号）等文件精神，为配合高职高专教育教学改革，探索、开发与“工学结合”人才培养模式相适应的高职高专教育测绘类专业课程体系而编写的测绘类专业通用教材。

“控制测量“是一门实践性很强的课程，是测绘类专业的专业基础课，其主要任务是使学生掌握现代测绘仪器操作、控制测量外业数据采集与数据处理的方法与过程，控制测量技术设计书及技术总结编写的内容与方法。

本实训教程是根据《控制测量实用教程》（马驰，张军，郭涛主编）编写的配套实训教材，是基于“工作过程”的教学理念编写出来的。全书共分为四大部分：控制测量课间实训、控制测量综合实训、练习题和附表。

课间实训部分选取了 20 个必不可少、操作性强的实训任务，每个任务均指明了实训目的、实训内容、实训仪器、实训步骤以及注意事项等，可以帮助学生理解和巩固课堂所学知识。

综合实训部分以模拟生产的方法详细介绍了控制测量外业数据采集及内业数据处理的过程及注意事项，锻炼学生理论联系实际的能力，提高学生从事控制测量实际工作的能力。

针对《控制测量实用教程》的每个项目，习题部分精选了一定数量的练习题，用以提高学生对本门课程的理解与掌握。

本书由马驰（辽宁省交通高等专科学校）、郭涛（长江工程职业技术学院）、张军（甘肃工业职业技术学院）任主编，司大刚（兰州资源环境职业技术学院）、刘攀（甘肃建筑职业技术学院）、吴士夫（长江水利委员会水文中游局）、张慧慧（辽宁省交通高等专科学校）、刘岩（辽宁水利职业学院）、胡良柏（甘肃工业职业技术学院）任副主编。编写分工如下：马驰编写第一部分的实训项目一及第四部分的部分附表；胡良柏编写第一部分的实训项目二；张军编写第一部分的实训项目三；吴士夫编写第一部分的实训项目四；郭涛编写第二部分；刘岩、张慧慧合编第三部分；司大刚、刘攀参与编写了第四部分；张慧慧、刘岩参与了部分书稿的校对工作。

本书在编写过程中参考了大量的教材、论文等文献资料，引用了同类书刊中的部分内容和实例，在此向有关作者表示衷心感谢！

由于编者的水平、经验及时间所限，书中可能有不足之处，敬请广大读者批评指正。

编　者

2014 年 11 月

目 录

第一部分　控制测量课间实训

课间实训的基本要求

“控制测量”是测绘类专业的一门实践性很强的专业核心课，是综合应用所学的基础知识，为培养高技能应用型人才而进行的职业技能训练的主要课程之一。本书根据控制测量作业过程的顺序而编写，模仿真实的工程过程，旨在提高学生的职业技能。

一、控制测量实训的目的

理论教学、课间实训教学、综合实训教学是学习本课程的三个重要环节，通过实训达到以下目的：

（1）巩固和检验学生在课堂上所学的基本理论知识，加深对理论知识的记忆和理解；通过在实训中解决遇到的各种问题，提高学生分析问题和解决问题的能力。

（2）使学生了解国家有关测绘规范与法规，练习进行控制测量技术设计，训练野外作业的基本技能，提高学生的综合能力。

（3）培养学生扎实的专业素质、严谨的科学素养、吃苦耐劳的坚韧品质、和谐向上的团队精神及良好的职业道德。

二、控制测量实训的基本要求

1. 实训课基本要求

（1）每次实训前应复习教材中的相关内容，明确实训的目的、内容以及要求，熟悉实训的步骤，注意有关事项，并准备好所需的文具用品。

（2）在认真学习教材并融会贯通的基础上，拟定实训实施步骤和细则，以保证实训任务的顺利完成。

（3）实训分小组进行，组长负责组织协调工作，办理所用仪器和工具的借领与归还手续。

（4）严格按照测量程序和测量规范进行测量、记录、计算等工作，遵守纪律，按时完成实训内容。

（5）服从教师的指导，每人必须认真操作，培养独立工作能力和严谨的科学态度，同时要发扬互相协作的精神。

（6）每项实训都应取得合格的成果并提交工整、规范的实训报告，经指导老师审阅后方可交还仪器设备，结束实训。

2. 仪器的借用规则

（1）实训所借用仪器应按照实训指导书和实训教师的要求以小组为单位借领。

（2）各组组长借领仪器时应核对仪器借用明细表，防止仪器漏领。领出后，应对仪器及附属设备进行检查，确保仪器及工具无损坏。

（3）实训结束后应立即归还仪器，经管理人员确认后方可离开。

（4）仪器及工具如有遗失或损坏，应写出书面报告说明情况，并按照有关规定进行赔偿。

3. 领取仪器时应检查项目

（1）仪器箱盖是否关妥、锁好。

（2）背带、提手是否牢固。

（3）脚架与仪器是否相配。脚架各部分是否完好，要防止因脚架不牢而摔坏仪器，或因脚架不稳而影响作业生产。

4. 仪器架设时注意事项

（1）架设脚架时，三条腿拉出的长度要适中、分开的跨度要适中。

（2）在脚架安放稳妥并将仪器放到脚架头上后，要立即旋紧仪器和脚架间的中心连接螺旋，预防因忘记拧上连接螺旋或拧得不紧而摔坏仪器。

（3）自箱内取出仪器后，要随即将仪器箱盖好，以免沙土、杂草进入箱内。还要防止搬动仪器时丢失附件。

（4）仪器箱是保护仪器安全的重要设备，多为薄木板或塑料制成，不能承重。因此不允许蹬、坐仪器箱，以免仪器箱受到损坏。

5. 仪器在使用中的注意事项

（1）不论何种仪器，在取出前一定先放松制动螺旋，以免取出仪器时因强行扭转而损坏微动装置，甚至损坏轴系。

（2）自箱内取出仪器时，应一手握住照准部支架，另一手扶住基座部分，轻拿轻放，不要用一只手抓仪器。

（3）取仪器和使用仪器过程中，要注意避免触摸仪器的目镜、物镜、棱镜，以免沾污、影响成像质量。绝对不允许用手指或手帕等物擦拭仪器的目镜、物镜等光学部分。

（4）有太阳时必须张伞，防止烈日曝晒，严防淋雨（包括仪器箱）。

（5）在任何时候，仪器旁必须有人守护。严禁在仪器附近嬉要、打闹，以防撞倒仪器。

（6）如遇目镜、物镜外表面附着水汽而影响观测（在冬季较常见），应稍等一会或用纸片扇风使水汽蒸发，切勿用硬东西擦拭。

（7）制动螺旋不宜拧得过紧；微动螺旋和脚螺旋宜使用中段，松紧要调节适当。如感到转动螺旋时有跳动或听到沙沙声，就应及时清洗上油；拨动校正螺旋时注意保护旋口或校正孔，用力要轻、慢，受阻时要查明原因，不得强行旋转。

（8）一台仪器只能一人操作，不允许两人或多人同时操作。操作仪器时，用力要均匀，动作要准确、轻捷。用力过大或动作太猛都会对仪器造成损伤。

（9）观测过程中，要随时有人守护仪器，尤其在人多的闹市区观测时，要严禁非操作人员靠近仪器，并注意指挥过往车辆绕行，严防车辆、行人碰撞仪器。

（10）工作期间尽量使存放仪器的室温与工作地点的气温相近。当必须把仪器搬到温差较大的环境中去时，应先把它关闭在箱中 3 ~ 4 h，到达测站后宜先取出仪器适温 30 min 以上才开始正式观测。

（11）仪器用毕，装箱前，可用软毛刷轻拂仪器表面的灰土。有物镜盖者要将其盖上，仪器箱内如有尘土、草叶，应用毛刷掸干净。

（12）清点箱内附件，如有缺少，应立即寻找，然后将仪器箱关上，扣紧、锁好。

6. 仪器迁站时注意事项

（1）在长距离迁站或通过行走不便的地区（例如较大的沟渠、山林）时，应将仪器装入箱内搬迁，搬迁时切勿跑行，防止摔坏仪器。

（2）在短距离且平坦地区迁站时，可先将脚架收拢，然后一手抱脚架，一手扶仪器，保持仪器近直立状态搬迁，严禁将仪器横扛在肩上迁移。

（3）在迁站搬运仪器前，对仪器各部分的制动螺旋都要稍为上紧，但又不宜固定太死。

（4）每次迁站都要清点所有仪器、附件、器材，防止丢失。

7. 在工作中仪器发生故障的处理

（1）仪器在外业测量中，因受温度、湿度、灰尘、震动等的影响，以及操作上的不当，容易产生一些故障。引起仪器故障的原因是多方面的，故障的种类也很多，发现仪器出现故障时，应立即停止使用，及时报告实训指导教师进行妥善处理或维修，若继续勉强使用，就会损伤零、部件，甚至损坏到无法修复的程度。

（2）因测量仪器的结构严密、复杂，且对清洁程度要求很高，在野外不宜进行仪器的修理。在仪器出现故障时，应查明原因，或向指导教师汇报，绝对禁止擅自拆卸，更不能勉强“带病”使用，以免加剧损坏程度。

（3）若发生仪器损坏及仪器或工具的丢失，应查明原因和责任，除写出书面检查外，还应按规定赔偿。

三、测量资料的记录要求

测量资料的记录是测量成果的原始数据，十分重要。为保证测量原始数据的绝对可靠，实训时即应养成良好的职业习惯。记录的要求如下：

（1）实训记录应和正式作业一样必须直接填写在规定的表格上，不得转抄，更不得用零散纸张记录，再行转抄。

（2）所有记录与计算均用绘图铅笔（2H 或 3H）记载。字体应端正清晰，字体只应稍大丁记录表格的一半，以便留出空隙作错误的更正。

（3）凡记录表格上规定应填写之项目不得空白。

（4）禁止擦拭、涂改与挖补，发现错误应在错误处用横线划去。淘汰某整个部分时可用斜线划去，不得使原字模糊不清。修改局部错误时，则将局部数字画去，将正确数字写在原数上方。

（5）所有记录的修改及观测结果的淘汰，必须在备注栏内注明原因。

（6）禁止连环更改，即已修改了平均数，则不准再改计算得此平均数之任何一原始读数，改正任一原始读数，则不准再改其平均数。假如两个读数均错误，则应重测、重记。

（7）原始观测之尾部读数不准更改，如角度读数度、分、秒，秒读数不准涂改，若有误，应将该部分观测结果废去重测。

（8）上交计算成果应是原始计算表格，所有计算均不许另行抄录。

四、实训报告的编写要求

实训报告是完成实训任务所留下的文字成果。通过编写实训报告，要归纳和总结实训目的、实训方法、实训成果以及对成果的分析和说明。通过编写实训报告，逐步培养应用科技语言准确表达自己技术思想的能力。编写的实训报告必须符合以下要求：

（1）报告中的语言文字，要力求精练，表意清楚，语句流畅、通顺，标点符号使用正确，符合规范化要求。切忌口语化、讲稿式。图、表要正确，与文字的配合要适当。

（2）报告中的量值表达，一律采用“中华人民共和国法定计量单位”；各种物理量和计量单位所使用的符号和书写方式应该符合国家标准的规定。

（3）报告应采用稿纸正规书写，用蓝黑或蓝色墨水钢笔书写，不要用圆珠笔或铅笔。如有错、漏字，可在该行上方的空行处改正。

（4）注意使用国家正式公布的简化汉字。字的笔画务必完整清楚。切忌字迹潦草，自造汉字，乱改乱画。对于不符合以上要求的实训报告，教师可以退回令其重写。

（5）实训结束后按规定整理所有的技术资料与成果，装订成册，装入规定的资料袋，并填写相关内容后上交。

五. 控制测量实训的内容

控制测量根据内业和外业的工作程序，共设置了 20 个实训任务。

1. 常规平面控制测量

本项目需实现利用常规测角与测距仪器进行平面控制测量工作，主要训练以下技能：

（1）精密光学经纬仪的认识与使用。

（2）全站仪的认识与使用。

（3）导线点的选点、埋石。

（4）I 级导线测量的外业数据采集。

（5）导线测量的内业计算。

2. GPS 平面控制测量

GPS 具有精度高、速度快、不需要相邻点通视、可全天候作业等优势，现阶段已成为高等级平面控制测量的主要方式。本项目主要训练以下技能：

（1）GPS 接收机的认识与使用。

（2）GPS 平面控制测量的布网与外业采集。

（3）GPS 控制网平差。

3. 高程控制测量

现阶段，高精度的高程控制测量工作一般采用精密水准测量的方法。本项目主要训练以下技能：

（1）精密水准仪的认识、操作、读数。

（2）精密水准测量的外业观测。

（3）精密水准测量的内业数据处理。

（4）电子水准仪的认识。

（5）三角高程测量。

4. 控制测量的技术设计

控制测量技术设计实训，着重训练学生以下几方面的基本技能：

（1）明确项目应执行的技术依据，认真学习和理解相关的技术条款。

（2）确定平面和高程控制测量的可行性方案。

（3）编写技术设计书。

5. 控制测量的技术总结

（1）明确编写控制测量技术总结的基本规定和内容。

（2）掌握编写控制测量技术总结的方法与过程。

实训项目一　常规平面控制测量

实训任务一　精密光学经纬仪认识及读数

一、实训目的

（1）认识 DJ_2 经纬仪各部件的名称及功能。

（2）学会 DJ_2 光学经纬仪的对径重合读数方法。

（3）掌握 DJ_2 光学经纬仪度盘配置的方法。

二、实训仪器与工具

每实训小组的仪器：DJ_2 经纬仪 1 台，测钎 2 个，记录板 1 块，自备铅笔 1 根。

三、实训内容

（1）认识仪器整体结构及各部件的名称、位置、功能，掌握各部件的使用方法。

（2）固定照准部制动螺旋，慢慢旋转水平微动螺旋，同时观察读数窗内刻划线的运动情况，然后旋转测微轮，观察测微器刻划线运行情况，验证重合读数法的读数原理。

（3）每人在 2～4 个不同度盘测微器位置上读数并作记录，同时描绘读数窗中的影像图（含度盘读数、测微器读数及度盘对径分划线），掌握对径重合读数方法。

（4）任意瞄准一目标，由组长配置水平度盘读数为 0°00′30″±10″，然后组员分别通过测微器使对径分划线精密结合并读数，记录读数差值。

（5）选择有一定坡度的地点，进行经纬仪对中整平练习。.

（6）每实训小组在实训场地选定一个测站点，另选两个目标点，每人独立进行对中、整平、瞄准、度盘的配置、水平度盘读数、竖直度盘的读数及观测数据的记录等工作。

四、实训步骤

1. 经纬仪的安置

（1）三脚架对中

将三脚架安置在地面点上。要求：高度适当，架头概平，大致对中，稳固可靠。伸缩三脚架架腿调整三脚架高度，在架头中心处自由落下一小石头，观其落下点位与地面点的偏差，若偏差在 3 cm 之内，则实现大致对中。

（2）经纬仪对中

① 安置经纬仪：从仪器箱中取出经纬仪放在三脚架架头上（手不放松），位置适中。把中心螺旋（在三脚架头内）旋进经纬仪的基座中心孔中，使经纬仪牢固地与三脚架连接在一起。

② 脚螺旋对中：利用基座的脚螺旋进行精密光学对中的工作。

光学对中器对光（转动或拉动目镜调焦轮），使之看清光学对中器的分划板和地面，同时根据地面情况辨明地面点的大致方位。

双手同时转动脚螺旋，观察光学对中器目镜中分划板标志与地面点相对位置的变化情况，分划板标志与地面点重合时，则脚螺旋光学对中完毕。

（3）三脚架整平

① 任选三脚架的两个脚腿，转动照准部使管水准器的管水准轴与所选的两个脚腿地面支点连线平行，升降其中一脚腿使管水准器气泡居中。

② 转动照准部使管水准轴转动 90°，升降第三脚腿，使管水准器气泡居中。升降脚腿时不能移动脚腿地面支点。升降时左手指抓紧脚腿上半段，大拇指按住脚腿下半段顶面，并在松开箍套旋钮时以大拇指控制脚腿上下半段的相对位置实现渐进的升降，管水准器气泡居中时扭紧箍套旋钮。整平时水准器气泡偏离零点少于 2 或 3 格。整平工作应重复一两次。

（4）精确整平

① 任选两个脚螺旋，转动照准部使管水准轴与所选两个脚螺旋中心连线平行，相对转动两个脚螺旋使管水准器气泡居中。管水准器气泡在整平中的移动方向与转动脚螺旋左手大拇指运动方向一致。

② 转动照准部 90°，转动第三脚螺旋使管水准器气泡居中。重复①，②使水准器气泡精确居中。

2. 瞄准目标

（1）正确做好对光工作，先使十字丝像清楚，后使目标像比较清楚。

（2）大致瞄准，即松开水平、垂直制动螺旋（或制动卡），按水平角观测要求转动照准部，使望远镜的准星对准目标，旋紧制动螺旋（或制动卡）。

（3）精确瞄准，即转动水平、垂直微动螺旋，使望远镜的十字丝像的中心部位与目标有关部位相符合。

3. 水平度盘配置方法

例如，将某方向的水平度盘读数配置为 35°35′35″，其操作方法如下：

（1）粗瞄被照准目标，水平制动，利用水平微动螺旋精确照准目标。

（2）调整度盘换像手轮，使刻划线处于水平位置，此时读数窗口显示的是水平度盘影像。

（3）打开水平度盘反光镜，观察读数窗口，转动度盘测微轮，在测微器配置出不足 10′的读数，即 5′35″。

（4）打开水平度盘变位钮保护盖（或挂上挡），旋转度盘变位钮，配置度盘读数，本例为 35°30′。特别注意，此时应使对径分划线尽量精密接合。

（5）关闭度盘变位钮保护盖（或摘开档）。检查照准目标的准确性，通过旋转测微螺旋使度盘的对径分划线精密接合，然后进行读数（度盘读数+测微器读数）。

（6）对于光学经纬仪，要使配置的读数与预设值一秒不差几乎是不可能的。通常若相差在 10″之内就可以了，取实际值。

4. 水平度盘读数方法

首先调整度盘换像手轮，使读数窗口显示出水平度盘读数影像，读数视窗如图 1-1 所示：

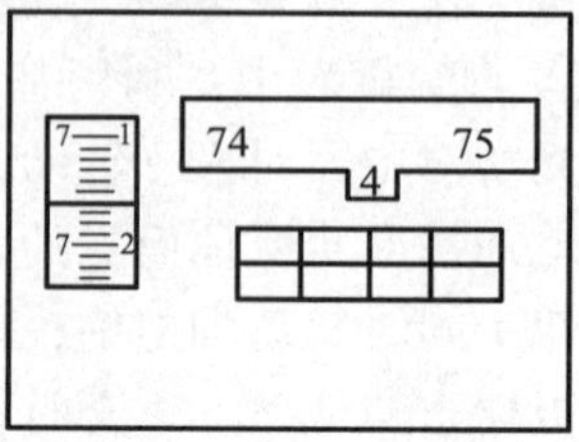

图 1-1　DJ₂读数窗口

（1）先将读数窗口内对径分划线上、下对齐。

（2）读取窗口最上边的度数（74°）和中部窗口 10′的注记（40′）。

（3）再读取测微器上小于 10′的数值（7′16″）。

（4）将上述的度、分、秒相加，即水平度盘读数为（74°47′16″）。

5. 竖直度盘读数方法

调整度盘换像手轮，使刻划线处于竖直位置，此时读数窗口显示的为竖直度盘读数影像，其读数方法同水平角读数方法完全一致。

五、技术要求

（1）对中误差小于 2 mm。

（2）整平误差小于 1 格。

六、注意事项

（1）读水平角时，需要将水平角反光镜打开；读竖直角时，需要将竖直角反光镜打开。

（2）瞄准目标后，进行读数时，应旋紧制动螺旋。

（3）度盘对径分划一定要严格对齐才能读数，否则数据将不准确。

（4）配置度盘后，如果对径分划线没有精确重合，需要旋转测微轮，重新进行读数。

七、上交资料

每人提交一份实训报告，其主要内容如下：

（1）实训项目名称、目的、时间及地点。

（2）所用经纬仪的名称与编号。

（3）脚螺旋对中和架腿对中的区别，都在什么情况下使用。

（4）配置度盘读数的方法。

实训任务二　水平角观测（方向观测法）

一、实训目的

（1）用 J_2 经纬仪按方向法进行观测练习，以掌握用方向观测法进行三、四等水平方向观测与记录的方法和操作步骤。

（2）领会规范中对方向观测所制定的各项规定。

（3）了解测站各项限差要求，学会对方向观测的成果质量进行判别及处理的方法。

二、仪器与工具

每组借用 J_2 经纬仪 1 台（含脚架），测伞 1 把，记录板 1 块，自备铅笔、小刀、直尺等，记录表格见本实训教程的附表。

三、实训要求

（1）预习关于方向观测法观测与记录等相关内容。

（2）观测与记录要严格遵守相应的操作规程和记录规定，对不合格的成果应返工重测。

（3）记录员向观测员回报后再做记录，记录表格中的计算内容应训练用“心算”完成。

（4）每人至少测 1 ~ 2 个合格测回，全组完成一套 6 个测回的合格成果。

（5）方向观测的限差要求见表 1-1，对不合格的成果返工重测。

表 1-1　水平角方向观测法的技术要求

等　级	仪器型号	光学测微器两次重合读数之差/（″）	半测回归零差/（″）	一测回内 2c 互差/（″）	同一方向值各测回较差/（″）
四等及以上	1″级仪器	1	6	9	6
	2″级仪器	3	8	13	9
一级及以下	2″级仪器		12	18	12
	6″级仪器		18		24

注：① 全站仪、电子经纬仪水平角观测时不受光学测微器两次重合读数之差指标的限制。

② 当观测方向的垂直角超过±3°时，该方向 2c 互差可按相邻测回同方向进行比较，其值应满足表中一测回内 2c 互差的限值。

③ 观测的方向数不多于 3 个时，可不归零。

④ 水平角的观测值应取各测回的平均数作为测站成果。

四、实训内容与步骤

本实训项目要进行四等水平方向观测训练。水平方向观测一测回的操作步骤：

（1）先选择好远距离的边长均匀的四个方向，各方向的边长应满足《测量规范》要求，各方向竖直角尽量相等，并尽量接近于零。

（2）安置仪器后，将仪器照准零方向，按表 1-2 配置各测回水平度盘和测微器初始位置。

表 1-2　水平方向观测（四等）度盘和测微器初始位置表

测回序号	1	2	3	4	5	6
度盘位置	0°00′	30°12′	60°24′	90°35′	120°47′	150°59′
测微器位置	50″	30″	10″	50″	30″	10″

（3）顺转照准部 1 ~ 2 周后精确照准零方向，进行水平度盘和测微器读数（一次照准两次重合读数）。

（4）顺转照准部，精确照准 2 方向，仍按上述方法读数。顺转照准部依次进行 3，4，…方向的观测，最后闭合至零方向，以上构成上半测回。

（5）倒镜，逆转照准部 1 ~ 2 周后精确照准零方向，按上法读数。

（6）逆转照准部按与上半测回相反的顺序观测 n，n-1，…，3，2，直至零方向，构成下半测回。

（7）上、下半测回构成一个测回，记录员应按“水平角方向观测法的技术要求”之要求进行测站限差检核。

五、注意事项

（1）观测程序及记录要严守操作规程。

（2）观测中要注意消除视差。

（3）记录者向观测者回报后再记，记录中的计算部分应训练用心算进行。

（4）测微器读数不许涂改。

六、上交成果

每组上交一份多于 4 个方向 6 个测回的合格成果以及实训报告，实训报告要包括以下内容：

（1）实训的名称、目的、时间及地点。

（2）所用仪器的名称及编号。

（3）附观测记录成果。

（4）对一个测站上的观测成果进行质量分析，提出重测、补测和取舍的具体意见。

（5）进行测站平差，得出一个测站上合格的水平角观测成果。

（6）实训心得与体会。

实训任务三　精密光学经纬仪光学测微器行差的测定

一、实训目的

（1）理解光学测微器行差定义及测微器行差对水平方向观测产生的影响。

（2）学会并掌握行差的测定方法。

二、仪器及工具

每个实训小组借用 J_2 仪器 1 台（含脚架），测伞 1 把，记录板 1 块，记录表格见附表。

三、实训要求

（1）预习光学测微器行差测定的程序。

（2）正确理解光学测微器行差的表现形式，总结出在不同刻度位置测定行差时，重合刻划线及读取 a、b、c 读数的规律。

（3）掌握行差测定的成果整理和计算过程。

四、实训内容与步骤

为减少水平度盘分划系统误差的影响，光学测微器行差的测定，应均匀地在水平度盘各位置上进行，对于 J_2 级仪器，一般应在照准部（或水平度盘）12 个位置上进行。度盘整置位置见表 1-3。

表 1-3　水平度盘位置表

序号	照准部整置位置/（°　′）		序号	照准部整置位置/（°　′）	
1	0	00	7	180	00
2	30	20	8	210	20
3	60	40	9	240	40
4	90	00	10	270	00
5	120	20	11	300	20
6	150	40	12	330	40

每一度盘位置行差测定程序如下：

（1）将测微器指标线对准零分划线，转动度盘变换钮至整置位置，用水平微动螺旋使整置位置的分划线 A 与对径分划线 A±180 重合。

（2）按下列顺序，各精密重合两次，同时进行测微器读数（读数可按正负读数，多于 0 格或 60 格的读作正数，少于 0 格或 60 格的读作负数），如图 1-2 所示。

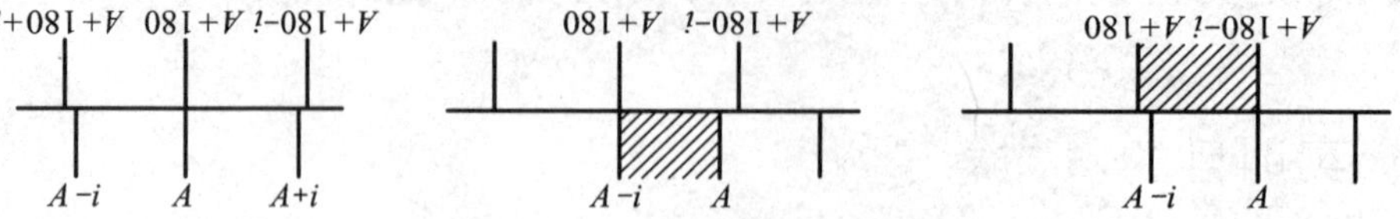

图 1-2　光学测微器行差的测定

① A 与（A±180）的两分划线重合时的读数；

②（$A-i$）与（A±180）两分划线重合时的读数；

③ A 与（A±180−i）两分划线重合时的读数。

i 为度盘最小分划格值，对于 J_2 仪器而言 i=20′。

（3）转动照准部至下一个整置位置，重复（1），（2）两步骤操作。

（4）测微器行差测定的成果整理：

$$r''_{正}=(a-b) \tag{1-1}$$

$$r''_{倒}=(a-c) \tag{1-2}$$

$$r''=(r''_{正}+r''_{倒})/2 \tag{1-3}$$

限差：对于 J_2 仪器，r 与（$r_{正}-r_{倒}$）不应超过 2″。

五、注意事项

（1）正确理解光学测微器行差的表现形式。总结出在不同刻度位置测定行差时，重合刻划线及读取 a，b，c 读数的规律。

（2）注意观察调整读数显微镜的亮度和消除读数显微镜视差对读数是否有影响。

六、上交资料

每个实训小组应上交一份水平度盘光学测微器行差测定的记录和计算的合格成果。

实训任务四　经纬仪水平轴不垂直于竖轴之差的测定

一、实训目的

（1）掌握高低点法测定经纬仪水平轴不垂直于竖轴之差的操作程序。

（2）对检验结果进行整理计算。

二、仪器及工具

每组借用 J_2 型经纬仪 1 台（含脚架），测伞 1 把，记录板 1 块，自备铅笔、小刀、直尺、少许胶水（或两面胶），记录表格见附表。

三、实训要求

（1）首先准备好几个检验用的照准标志，即在一张小白纸上画一个“十”字交叉线为一个目标（注意：十字线要画清晰、垂直，线段不应画太长）。

（2）此项测定之前应明确原理、操作次序、方法及各项限差的意义和标准。

（3）每个实训小组完成一份合格的检验成果。

（4）所得的水平角和竖角各项限差均应满足限差规定，否则应重测。

（5）晴天应撑伞或选择在阴凉处进行。

（6）探讨并总结出如何迅速、准确地设置高低点目标的方法。

四、实训内容与步骤

（1）认真复习有关内容，明确检验原理及方法。

（2）明确水平角和竖角观测程序与记录格式，并记住各限差规定。

（3）设置目标：在距仪器 5 m 以外的地方设置两个目标，一为高点，一为低点。两点应大致在同一铅垂线上，用仪器观测两点的竖角的绝对值应不小于 3°，其绝对值应大致相等，其差值不得超过 30″。

（4）测定方法：

① 观测高低两点的水平角 6 个测回，每测回间应变换度盘和测微器位置，其值按式（1-4）计算（J_2 仪器）：

$$\frac{180^\circ}{m}+\frac{i'}{2}+\frac{i''}{2m} \tag{1-4}$$

式中，m 为测回数（等于 6）；i 为度盘最小分格值（J_2 仪器，i=20′或 1 200″）。

观测限差：$2c$ 变化按高、低点分别比较，在整个测定中，其变化值不得超过 10″；各测回角度值互差应小于 8″；对超出限差的测回须重测。

② 观测高低角的竖角 $\alpha_{高}$ 和 $\alpha_{低}$，用中丝法测 3 个测回。竖直角和指标差互差均不得超过 15″，超限测回应重测。

③ 最后计算结果：

水平轴不垂直竖轴之差：

$$i=\frac{C_{高}-C_{低}}{2}\cot\alpha \tag{1-5}$$

式中，$C_{高}=\dfrac{1}{2n}\sum(L-R)_{高}$，$C_{低}=\dfrac{1}{2n}\sum(L-R)_{低}$，$\alpha=\dfrac{1}{2}(\alpha_{高}-\alpha_{低})$。

限差：i 的绝对值，对于 J_2 型仪器不应超过 15″。

五、上交资料

每个实训小组上交一份合格的“水平轴不垂直于竖轴之差的测定”的观测记录、计算成果及实训报告，报告内容包括：

（1）写明本次实训的名称、目的、时间及地点。
（2）写明所检验仪器的名称及编号。
（3）写明检验内容和意义。
（4）附检验记录与计算结果。
（5）对仪器结果进行分析。
（6）写明检验过程中有何现象发生及对现象的分析意见。
（7）实训体会。

实训任务五　全站仪认识与测角、测距

一、实训目的

（1）了解全站仪的基本操作步骤。
（2）掌握全站仪的距离测量测距模式、参数设置。
（3）掌握距离测量方法及记录、计算。
（4）熟练进行斜距、平距、高差、水平角和竖直角测量。

二、仪器与工具

每组领取全站仪 1 台，架腿 1 个，单棱镜 1 个，对中杆 1 个，自备记录纸及签字笔等。

三、实训内容

1. 全站仪的认识

全站仪是具有电子测角、电子测距、电子记录和数据存储功能的仪器。它本身就是一个带有各种特殊功能的进行测量数据采集和处理的电子化、一体化仪器，各种型号的全站仪的外形、体积、重量、性能有较大差异，但主要由电子测角系统、电子测距系统、数据存储系统、数据处理系统等部分组成。

全站仪的基本测量功能主要有三种模式：角度测量模式（经纬仪模式）、距离测量模式（测距模式）、坐标测量模式（放样模式）；另外，有些全站仪还有一些特殊的测量模式，能进行各种专业测量工作。各种测量模式均具有一定的测量功能，且各种模式之间可相互转换。

2. 全站仪的使用

全站仪有很多种型号，本实训应在指导教师演示介绍后进行操作。在实训场地上选择 3 点，1 点作为测站，安置全站仪；另 2 点作为镜站，安置反光棱镜。

（1）在测站安置全站仪，经对中、整平后，接通电源，仪器进行自检。

（2）角度测量：瞄准左目标，在角度测量模式下，按相应键，使水平角显示为零，同时读取左目标竖盘读数；瞄准右目标，读取水平角及竖直角显示读数。

（3）距离及高差测量：在距离测量模式下，输入气象数据（温度和气压），棱镜常数，照准目标后，按相应测距键，即可显示斜距、平距、高差。

（4）坐标测量：量取仪器高、目标高，输入仪器中，并输入测站点的坐标、高程，照准另一已知点并输入其坐标（实训时可假定其坐标），在坐标测量模式下，照准目标点，则可显示目标点的坐标和高程。

四、技术要求

（1）仪器的对中偏差不大于 2 mm。

（2）仪器高和棱镜高分别量取两次，其较差不大于 2 mm。

（3）角度测量中，水平角半测回互差不大于 18″，测回间互差不大于 12″。

（4）测回法观测竖直角，其指标差不大于 10″。

（5）距离测量中，测回内距离互差不大于 10 mm，测回间距离互差不大于 15 mm。

五、注意事项

（1）遵守纪律，认真观看仪器的外形，了解操作面板上各元件在测距的作用。

（2）未经指导教师允许，不要任意动手操作仪器，以免因操作不当而发生事故。

（3）不可将照准头对准太阳，以免损坏光电元件。

（4）同一视场内只允许在镜站安放反射棱镜，并应避免测线两侧及镜站后方有其他光源及反射物体，否则将产生测距粗差。

（5）仪器应在大气比较稳定和通视较好的条件下进行观测。

（6）测线应尽量避免通过村庄，烟囱上空。

（7）仪器切勿日晒雨淋，作业时应打伞保护仪器。经常保持仪器清洁和干燥，在运输过程中注意防震。

（8）在操作过程中，动作要轻，按键盘上各键不能用力过猛。

六、上交资料

（1）每小组上交一份全站仪角度、距离、高差观测的记录表。

（2）每名学生上交一份实训报告，实训报告内容包括：

① 实训项目名称、目的、时间及地点。

② 所用全站仪的名称与编号。

③ 全站仪距离和角度的观测方法。

④ 气象参数对距离影响的规律。

⑤ 棱镜常数对距离影响的规律。

⑥ 实训体会与建议。

实训任务六 导线的选点、埋石、绘制点之记

本实训项目应在完成导线测量技术设计之后进行，针对模拟的导线测量工作项目，在完成技术设计之后，即可进行本实训项目的训练。

一、实训目的

（1）本实训是完成技术设计后，在野外数据采集之前不可或缺的一个重要环节，忽视了这个环节，整个控制测量工作过程将不完全。特别是对于将来承担控制测量任务的技术负责人，更应特别注重此环节的技术训练。

（2）通过此项目的训练，应掌握导线控制点的选点要领、标石的技术规格与埋设及控制网网型的设计。

（3）通过训练，熟练掌握绘制导线控制点的技术、技能。

二、所需设备及工具

预制好的控制点标石，埋石所用工具，水泥钢钉、木桩、油漆和记号笔等，点之记见附表。

三、实训内容

（1）结合测区（校区）实际情况，依据技术设计书规定的选点原则选择控制点点位，并构成正确的控制网网型。

（2）参考《工程测量规范》和《控制测量》相关内容，首先应明确不同等级导线控制点的技术规格与埋设要求；结合技术设计书，明确本控制网各点的技术规格和埋设要求，并控制点埋设（或模拟埋设）。

（3）绘制所有控制点点之记，并对绘制的点之记进行检验。检验方法：把甲组绘制的点之记交与乙组，看是否能够顺利地把控制点找到。

四、注意事项

（1）导线控制点的技术规格与埋设要求，请参照《工程测量规范》（GB 50026—2007）附录 B。

（2）参照《控制测量实用教程》教材绘制点之记，在“点位略图”栏，要至少标出 3 处以上点位至重要地物间的距离关系，并在“点位说明”中用文字予以表述。

（3）建议该实训项目的实施以作业组的形式进行，每作业小组 5 ~ 8 人为佳。

（4）导线点点之记表见本实训教程的附表。

五、上交资料

（1）导线选点图。

（2）导线控制点点之记。

实训任务七　I 级导线测量的外业数据采集

一、实训目的

（1）掌握全站仪测回法测角和测距的观测方法。

（2）掌握导线测量数据的记录、计算与限差检核方法。

二、仪器与工具

每组借用 2″ 级全站仪 1 台（含脚架和电池），带觇板的反光棱镜（含脚架）2 套，记录板 1 块，自备 2H 铅笔、小刀、卷尺，记录表格见附表。

三、观测的有关要求

（1）熟悉所用仪器的特性和操作方法，明确水平角观测和距离观测的要点与技术要求，掌握观测方法和记录计算方法。

（2）结合实训场地状况，每小组合作完成一条至少有 3 个未知点的附合导线的观测与记录计算工作，观测导线角度和边长。

（3）技术要求：I 级导线测量的技术要求，见表 1-4、表 1-5。

（4）对不合格的成果需返工重测，直至合格。

（5）记录员应向观测员回报后再作记录，并严格遵守记录规则。

（6）各小组要充分发扬团结协作精神，在组长的带领下，既要完成实训任务，又要让所有组员得到观测及记录的训练。

表 1-4　导线水平角方向观测法的技术要求

等级	光学测微器两次重合读数之差/(″)	半测回归零差/(″)	一测回 2c 较差/(″)	同一方向值各测回较差/(″)
一级及以下		12	18	12

表 1-5　导线测距的主要技术要求

平面控制网等级	仪器精度等级	每边测回数		一测回读数较差/mm	单程各测回较差/mm	往返测距较差/mm
		往	返			
一级	10 mm 级	2		≤10	≤15	

注："测距一测回"的含义是照准一次，读数 2～4 次。

四、实训内容与步骤

1. 踏勘选点

在选点前，应先搜集测区已有地形图和已有高级控制点的成果资料，将控制点展绘在原有地形图上，然后在地形图上拟定导线布设方案，最后到野外踏勘，核对、修改、落实导线点的位置，并建立标志。

选点时应注意下列事项：

（1）相邻点间应相互通视良好，地势平坦，便于测角和量距。

（2）点位应选在土质坚实，便于安置仪器和保存标志的地方。

（3）导线点应选在视野开阔的地方，便于碎部测量。

（4）导线边长应大致相等。

（5）导线点应有足够的密度，分布均匀，便于控制整个测区。

2. 建立临时性标志

导线点位置选定后，要在每一点位上打一个木桩，在桩顶钉一小钉，作为点的标志。也可在水泥地面上用红漆画一圆，圆内点一小点，作为临时标志，并为导线点统一编号。

3. 外业观测

（1）导线边长测量：在每个导线点上用全站仪分别进行方向观测两个测回；单方向距离观测 2 测回。

（2）转折角测量：导线转折角的测量一般采用测回法观测，在附合导线中一般测左角，在每个导线点上用全站仪分别进行方向观测两个测回。

（3）每测站限差检核合格后方可迁站，直至把所有测站测完，得到合格的观测数据。

4. 编制数据表及导线略图

编制已知数据表和观测数据表及导线略图，为导线的平差计算做准备

（1）角度平差，进行角度闭合差计算与调整。

（2）推算导线各边坐标方位角。
（3）坐标增量计算及坐标闭合差调整。
（4）调整后坐标计算。

五、注意事项

（1）对不合格的成果需返工重测，直至合格。
（2）记录员应向观测员回报后再做记录，并严格遵守记录规则。
（3）测定距离时，如果棱镜后方有反射物，则可以用黑布遮挡在棱镜的后面。
（4）安置仪器要稳定，脚架应踏牢，对中整平应仔细，短边时应特别注意对中，在地形起伏较大的地区观测时，应严格整平。
（5）目标处的标杆应竖直，并根据目标的远近选择不同粗细的标杆。
（6）观测时应严格遵守各项操作规定。例如：照准时应消除视差；水平角观测时，切勿误动度盘；竖直角观测时，应在读取竖盘读数前，显示指标水准管气泡居中等。
（7）水平角观测时，应以十字丝交点附近的竖丝照准目标根部。竖直角观测时，应以十字丝交点附近的横丝照准目标顶部。
（8）读数应准确，观测时应及时记录和计算。
（9）各项误差应在规定的限差以内，超限必须重测。

六、上交资料

（1）每组上交合格的外业测量手簿。
（2）每组上交导线计算略图、已知数据表和观测数据表。
（3）每名学生上交一份实训报告，报告内容包括：
① 实训项目名称、目的、时间及地点。
② 所用全站仪的名称与编号。
③ I 级导线测量的观测方法。
④ I 级导线测量中包括哪些限差的要求。
⑤ 导线测量简易平差的计算流程。

实训任务八　导线测量的概算与验算

一、实训目的

（1）明确导线测量概算、验算的意义和目的，进一步掌握相关的理论知识。
（2）掌握将方向观测值和距离观测值归算至高斯平面的计算方法。
（3）掌握导线验算的计算方法。

二、理论知识基础

1. 方向观测值的归算

（1）水平方向观测值归算至参考椭球面——三差改正

将导线的水平方向观测值从地面归算至参考椭面，需要加入三差改正，即：垂线偏差改正、标高差改正和截面差改正。由于三项改正数均较小，所以对于四等及以下精度等级的导线，不必进行此项改正，认为地面上的水平方向观测值就是椭球面上基于大地线方向的方向观测值。

（2）将椭球面上的方向观测值投影至高斯平面

将椭球面上的方向观测值投影至高斯平面，其投影线为一条曲线，将曲线改正为直线，需要加入方向改正（也叫曲率改正），方向改正公式为：

$$\left.\begin{aligned}\delta''_{12}&=\frac{\rho''}{2R_{\mathrm{m}}^{2}}(x_1-x_2)y_{\mathrm{m}}\\ \delta''_{21}&=\frac{\rho''}{2R_{\mathrm{m}}^{2}}(x_2-x_1)y_{\mathrm{m}}\end{aligned}\right\}\tag{1-6}$$

式中，x_1，x_2 为 1，2 两点的坐标值（m）；R_{m} 为测距边中点处在参考椭球面上的平均曲率半径（m）；y_{m} 为 1，2 两点的横坐标平均值。

对于导线测量，方向改正对导线方向的影响甚微，所以可以忽略此项改正。

2. 将地面测量的距离（斜距）归算至高斯平面

导线测量中的距离测量是在地球表面上进行的，通常为斜距，而导线坐标的平差计算通常在高斯平面上进行，如图 1-3 所示，因此需要将地表面上的实测斜距归算至高斯平面。

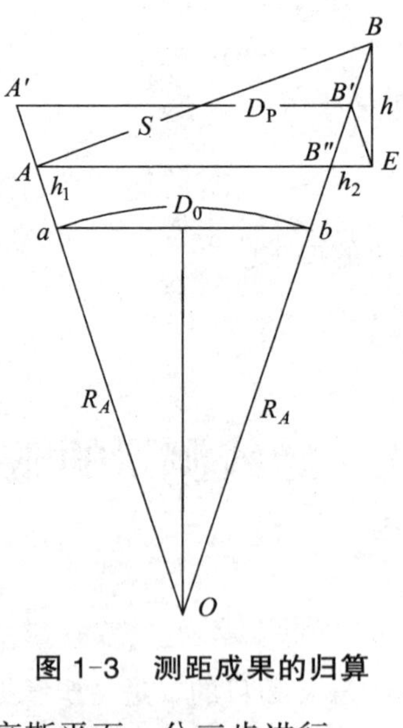

图 1-3　测距成果的归算

将电磁波测距斜距，归算至高斯平面，分三步进行：

第一步，将斜距 D 进行测距仪加常数改正、乘常数改正及气象改正，再将其归算至平均高程面平距。

若引入 D 为电磁波测距斜距，K 为测距仪加常数，R 为测距仪乘常数系数，D' 为经加常数改正后斜距，D'' 为经乘常数改正后斜距，ΔD_n 为大气改正数，h 为测距边两点间高差，则：

（1）加常数改正：

$$D' = D + K \tag{1-7}$$

（2）乘常数改正：

$$D'' = D' + D' \cdot R \tag{1-8}$$

（3）大气改正，对于波长 λ=0.832 μm 的红外测距信号，其改正数公式为：

$$\Delta D_n = (278.96 - \frac{0.387\ 2P}{1 + 0.003\ 661t})D'' \tag{1-9}$$

经大气改正后的斜距为：

$$S = D'' + \Delta D_n \tag{1-10}$$

（4）将经过上述三项改正后的斜距归算至平均高程面，公式为：

$$D_{\mathrm{P}} = \sqrt{S^2 - h^2} \tag{1-11}$$

第二步，平均高程面上的平距 D_{P} 归算至参考椭面。

归算公式为：

$$D_0 = D_{\mathrm{P}}\left(1 - \frac{H_{\mathrm{m}} + h_{\mathrm{m}}}{R_A + H_{\mathrm{m}} + h_{\mathrm{m}}}\right) \tag{1-12}$$

式中，D_0 为归算到参考椭球面上的测距边长度（m）；H_{m} 为测距边两端点的平均高程（m）；h_{m} 为测区大地水准面高出参考椭球面的高差（m）；R_A 为参考椭球在测距边边方向曲率半径。

第三步，将椭球面上的长度投影至高斯平面，公式为：

$$D_{\mathrm{g}} = D_0\left(1 + \frac{y_{\mathrm{m}}^2}{2R_{\mathrm{m}}^2} + \frac{\Delta y^2}{24R_{\mathrm{m}}^2}\right) \tag{1-13}$$

式中，D_{g} 为测距边在高斯投影面上的长度（m）；y_{m} 为测距边两端点横坐标的平均值（m）；R_{m} 为测距边中点的平均曲率半径（m）；Δy 为测距边两端点近似横坐标的增量（m）。

3. 导线测量的验算

下面所述依导线（网）几何条件检验控制网观测质量，不仅可以检验作业本身的误差，也可以检验网内某些粗差和系统误差的影响，因而能全面地表示观测质量。

导线（网）需要进行如下项目的检核：

（1）计算导线方位角条件和环形条件闭合差

为了检核角度的观测质量，若导线产生方位符合条件，就要计算方位角条件闭合差。若观测角度为其公式，则：

$$f_\beta = T_0 - T_n + [\beta_i]_1^n + n \cdot 180^\circ \tag{1-14}$$

按式（1-14）计算得 f_β 值，对于一级导线，不能超过 $\pm 10\sqrt{n}''$。

当导线构成闭合环时，环形闭合差可按式（1-15）计算：

$$w_{环} = [\beta_i]_1^{n'} - (n'-2) \cdot 180^\circ \tag{1-15}$$

式中，n'为闭合环内角个数。环形闭合差的限值为：

$$\Delta_{环} \leqslant 2\sqrt{n'} m_\beta \tag{1-16}$$

（2）计算导线测角中误差

当导线网内有多个方位符合条件时，可按方位角条件闭合差计算测角中误差：

$$m_\beta = \sqrt{\frac{1}{N}\left[\frac{f_\beta f_\beta}{n}\right]} \tag{1-17}$$

式中，f_β为符合导线或闭合导线环的方位角闭合差（″）；n 为计算 f_β时的测站数；N 为 f_β的个数。

测角中误差不应超过相应等级测角中误差的标称值，对于一级导线不应超过 5″。

（3）测距边单位权中误差

$$\mu = \sqrt{\frac{[Pdd]}{2n}} \tag{1-18}$$

式中，μ 为单位权中误差；d 为各边往、返距离的较差（mm）；n 为测距边数；P 为各边距离的先验权，其值为 $1/\sigma_D^2$，σ_D 为测距的先验中误差，可按测距仪器的标称精度计算。

（4）任一边的实际测距中误差

$$m_{Di} = \mu\sqrt{\frac{1}{P_i}} \tag{1-19}$$

式中，m_{Di} 为第 i 边的实际测距中误差（mm）；P_i 为第 i 边距离测量的先验权。

（5）平均测距中误差

当网中的边长相差不大时，可按式（1-20）计算平均测距中误差：

$$m_D = \sqrt{\frac{[dd]}{2n}} \tag{1-20}$$

式中，m_D 为平均测距中误差（mm）。

三、实训内容

一条四等附和导线，已知数据见表 1-6，观测数据见表 1-7，导线边长（平距）采用测距精度为 5 mm+5×10^{-6} 的测距仪测量所得，边长已进行加常数改正、乘常数改正和温度气压改正，导线的平均高程为 400 m，大地水准面差距为零。

（1）将方向观测值归算至高斯平面，并分析本例“三差改正”与“方向改正”的实际意义。

（2）将观测边长归算至高斯平面，并分析本例各项改正数的大小，可否具有实际意义。

（3）进行导线的验算，计算项目：导线方位角条件闭合差和导线测角中误差。

（4）写一份总结，重点分析各项归算改正数对导线测量的影响。

表 1-6　导线已知数据表

点名	X/m	Y/m
1	4 535 082.262	565 138.645
2	4 534 794.120	567 117.820
3	4 539 728.280	564 871.860
4	4 541 816.391	563 497.163

表 1-7　导线观测数据表

测站	照准方向	观测方向/（°　′　″）	边长（平距）/m
2	1	000 00 00	
	5	110 10 09	1 417.007
3	8	000 00 00	
	4	223 59 13	
5	2	000 00 00	
	6	122 33 48	1 465.989
6	5	000 00 00	
	7	179 17 54	1 019.165
7	6	000 00 00	
	8	184 25 48	1 406.683
8	7	000 00 00	
	3	127 54 35	1 133.418

四、上交资料

（1）“实训内容”中的计算结果。

（2）实训总结报告。

实训任务九　导线测量的平差计算

一、实训目的

通过导线平差项目的训练，至少应学会两种目前市面流行平差软件的功能及应用，主要包括：软件功能、平差计算步骤、平差结果分析等，并对实训任务八的概算结果进行验证。通过实例，计算出概算项目对导线平差结果的影响程度。

二、仪器与工具

每人一台装有平差易 PA2005 的计算机。

三、实训内容

如图 1-4 所示，已知数据及观测数据见表 1-8、表 1-9 及图 1-4，计算出下列附和导线中 2，3，4 点的坐标。

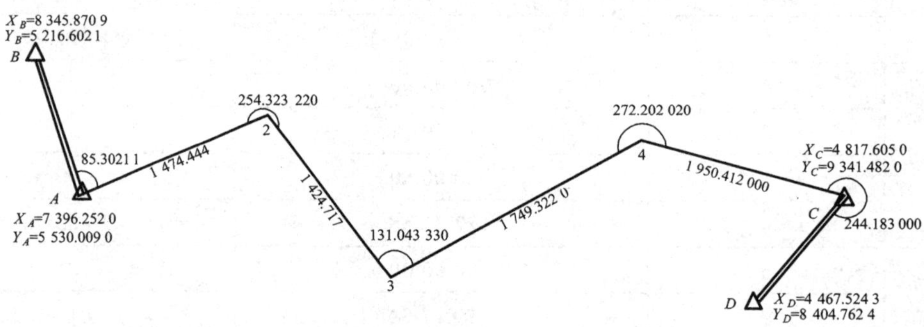

图 1-4　导线图

表 1-8　导线已知数据表

点名	*X*/m	*Y*/m
A	7 396.252	5 530.009
B	8 345.871	5 216.602
C	4 817.605	9 341.482
D	4 467.524	8 404.762

表 1-9　导线观测数据表

点号	观测左角/（°　′　″）	边长
A	85　30　21.1	
		1 474.444
2	254　32　32.2	
		1 424.717
3	131　04　33.3	
		1 749.322
4	272　20　20.2	
		1 950.412
C	244　18　30.0	

四、参考资料

（1）《控制测量》（林玉祥，测绘出版社，2013）。

（2）《控制测量实用教程》（马驰，西南交通大学出版社，2015）。

（3）《工程测量规范》（GB 50026—2007）。

（4）其他控制测量教材。

五、上交资料

（1）每名学生上交导线内业计算的成果。

（2）每名学生上交实训报告，实训报告应包括以下内容：

① 实训项目名称、目的、时间及地点。

② 三角高程的计算中，两差改正的计算公式。

③ 倾斜距离化算到参考椭球面距离的步骤与计算公式。

④ 高斯投影变形的规律和计算公式。

实训项目二　GPS 平面控制测量

实训任务十　GPS 接收机的认识与和静态数据采集

一、实训目的与要求

（1）初步了解 GPS 接收机的构造。

（2）掌握 GPS 接收机的操作方法和基本功能。

（3）掌握 GPS 静态定位外业观测方法和过程。

二、仪器与工具

每组一台 GPS 接收机，记录纸、铅笔、计算器等工具自备，点之记、外业观测表见附表。

三、实训内容

学习和掌握南方 S82 GPS 接收机各部件名称和作用，学习外业操作方法；通过布设、观测 GPS 平面控制网，掌握 GPS 接收机野外静态数据采集的测量方法、过程及注意事项；实训过程中应理解 GPS 控制网的同步环、异步环等的构网思想。

四、实训方法与步骤

1. 了解 GPS 接收机的构造特点、使用方法

（1）动静态切换：主机开机初始化完成后（开机 40 s 后）再按开关键，响三声放开为正常关机。如果不放开 13 s 后继续响一声放开（即 3+1）再开机就为动态模式；如果响两声放开（即 3+2）再开机就为静态模式。无论哪种作业模式，设置完成后如果不想改变作业模式，作业完成后正常关机（按开关键响 3 声放开）即可。

（2）指使灯含义：

PWR 电源指示灯，长亮表示电源可以正常工作，闪烁表示电源即将用完。

✻ 蓝牙和卫星指示灯，隔 30 s 连闪几下红色表示收到几颗卫星。

DL 状态指示灯，常红表示静态模式，不亮表示动态模式，每 5 s 连闪 2 下表示动态正常工作模式。

STA 数据指示灯，动态 1 s 闪 1 次表示数据输出正常，静态 5 s（或历元间隔秒）闪 1 次表示静态数据接收正常。

（3）接口的用法：

主机下方有两个接口，前面按键下方的 7 针接口为数据传输接口，后面条形码下方的 5 针接口为电台接口，注意不要接错。

2. 静态数据采集

（1）选点：在测区内选择 GPS 控制点，选点时注意事项：

① 点位应设在易于安装接收设备、视野开阔的较高点上。

② 点位目标要显著，视场周围 15°以上不应有障碍物，以减少 GPS 信号被遮挡或障碍物吸收。

③ 点位应远离功率无线电发射源（如电视机、微波炉等）以避免电磁场对 GPS 信号的干扰。

④ 点位附近不应有大面积水域或不应有强烈干扰卫星信号接收的物体，以减弱多路径效应的影响。

⑤ 点位应选在交通方便，有利于其他观测手段扩展与联测的地方。

⑥ 地面基础稳定，易于点的保存。

⑦ 网形应有利于同步观测边、点连接。

⑧ 当利用旧点时，应对旧点的稳定性、完好性，以及觇标是否安全可用作一检查，符合要求方可利用。

（2）观测：对选好的控制网做两个时段的同步观测，量取仪器高，填写观测记录；所有接收机按要求同时关机开机，并同步观测 40 min。

3. 数据传输，利用软件传输数据

（1）计算机设置：新建文件夹。

（2）设置：GPS 设置采样频率和卫星高度角。通讯：对通讯接口和波特率进行设置；开始连接；传输数据。

五、注意事项

（1）不得随意开关机，避免在高楼脚下、高压线下和有反射物的地方设站。

（2）及时做好观测记录。

（3）不得在接收机旁使用通讯设备。

（4）观测时正常是电源灯（右边红灯）长亮，DL 灯（左边绿灯）长亮，中间 SAT 灯间隔 30 s 连续闪烁 N 次（N 代表接收到 N 颗卫星信号），$N \geqslant 4$ 时记录开录时间。

（5）观测时每 5 min 看一次接收机灯是否正常，如有问题必须通知指导老师。

六、上交资料

（1）符合质量要求的 GPS 静态采集数据。

（2）实训报告。实训报告详细说明 GPS 野外作业方法，包括仪器安置、开关机、搜索卫星、显示锁定卫星数量、量测天线高、指示灯含义、测站记录内容等；GPS 控制网的选点方法和观测方法及数据传输。

实训任务十一　GPS 基线解算与网平差

一、目的与要求

（1）掌握 GPS 数据处理过程和后处理软件的功能和使用方法。
（2）对数据处理各阶段的数据质量进行分析。
（3）利用南方 GPS 后处理软件进行基线向量解算、网平差、坐标系统转换及成果输出。

二、仪器与设备

每人一台装有南方 GPS 后处理软件的计算机。

三、实训内容

学习与使用南方 GPS 后处理软件，掌握其基本功能；完成所测控制网的数据解算。

四、方法与步骤

（1）按要求安装南方 GPS 后处理软件，完成注册工作。
（2）操作南方 GPS 后处理软件处理数据。

① 新建项目。需要设置项目名称、自定义坐标系、坐标系名称、椭球、投影方式、投影设置、投影高、控制网等级等内容。

② 数据输入。包括增加观测数据、输入天线斜高、保存、坐标数据录入等。

③ 网图显示。双击要查看的控制点点名，可以打开点的详细情况对话框，可以编辑点名，选择点类型录入已知坐标等。

④ 编辑观测数据。编辑数据时注意有效观测卫星数量，如果观测数据整体信号较好，可直接禁用某卫星的部分数据。

⑤ 基线解算。基线解算前，需要进行静态基线解算设置，主要包括：

高度截止角：通常不低于野外观测数据的高度截止角。增加截止角将在 GPS 数据处理时删除低于此角的卫星（低高度角卫星的信号容易由于信号遮挡或在对流层中传播更长的距离而产生更大的噪声）。截止高度角过大将会减少卫星星座中可用的卫星，从而影响 GPS 处理的结果。

历元间隔：对基线同步观测时间较短时，可缩小历元间隔，让更多的数据参与解算。同步观测时间较长时，增加历元间隔，让更少的数据参与解算。周跳较多时，要增加历元间隔，跳过中断的数据继续解算。增加采样密度是诊断和修复周跳的重要措施。

粗差容忍系数：常设 3.5。

最小同步时间：控制项目中可能增加的基线项目。

同步环搜索深度：最大 n 边形。

合格解选择：

中误差：观测值解误差的均方根。

方差比：评估最好的方差与次最好解中误差的比。

解类型选择：8 km 内的基线必须采用双差固定解；长于 30 km 的中长基线可采用浮动解。

解算不合格时，可查看超限的同步环和异步环，首先找中误差和方差比不合格的基线，再找公共基线。

基线解算完成后，通过观测值残差分析观察解算成果质量。残差绝对值大小应在载波波长的 1/10 内，通过残差图，记录有关残差较大的卫星和时段，对相应卫星时段进行取舍。

（6）基线网平差。过程主要包括以下步骤：

自动处理，仅得到环闭合差报告；

三维平差，得到 WGS—84 坐标；

二维平差，得到地方坐标系下的直角坐标；

高程拟合，进行高程拟合平差；

网平差计算，相当于二维平差及高程拟合。

五、上交成果

（1）符合精度标准的 GPS 静态观测数据平差成果。

（2）实训报告。报告中详细叙述 GPS 数据处理的作业流程。

实训项目三　高程控制测量

实训任务十二　精密光学水准仪的认识与读数

一、实训目的

（1）了解 S_1 精密水准仪的基本结构以及各螺旋的作用。

（2）了解精密水准标尺的基本分划，初步学会精密水准仪的使用方法和在水准标尺上的读数方法。

二、实训要求

（1）将仪器与书上仪器外貌图对照，熟悉仪器各部件的名称及其作用，着重比较精密水准仪与普通水准仪的不同点。

（2）掌握用 S_1 水准仪在水准标尺上的读数方法，并了解测微器的测微工作原理。

（3）了解精密水准尺的特点，它与一般普通水准尺有何区别。

三、仪器及工具

每组借用 S_1 精密水准仪 1 台（带脚架），因瓦水准标尺 1 对，记录板 1 块，尺垫 2 只，测伞 1 把，30 m 钢卷尺 1 把，自备铅笔和记录手簿。

四、实训步骤

（1）领取仪器到指定地点，先集中由教师讲解精密水准仪和精密水准尺的结构特点及使用方法。

（2）安置仪器，熟悉仪器结构及部件功能。

（3）安置水准尺，熟悉其分划及注记特点。

（4）每个同学进行读数练习并记录读数。

五、注意事项

（1）精密水准仪结构较复杂，在旋转各螺旋时必须小心谨慎，切不可用力过猛。

（2）精密水准尺的读数方法和原理与一般水准尺有所不同，实训时要对照书本知识认真完成，直到掌握其读数方法和原理。

六、上交资料

记录及计算成果；实训报告，内容包括：

（1）实训名称、目的及时间、地点。

（2）仪器名称及编号。

（3）读数方法及原理。

（4）实训体会及建议。

实训任务十三　精密水准仪 *i* 角的检验方法

一、实训目的

（1）了解精密水准仪各轴线间应满足的条件。

（2）练习精密水准仪的读数方法。

（3）掌握精密水准仪水准管轴平行于视准轴的检验方法。

二、使用仪器

每组借用 S_1 级水准仪 1 台（含脚架）、尺垫 2 只、因瓦标尺 1 对、扶尺竹竿 4 支、皮尺（或测绳）1 只、记录板 1 块，自备文具；记录表见附表。

三、实训内容与步骤

（1）在平坦地面的一直线上选定 J_1，A，B，J_2 四点，点间距均为 20.6 m。J_1，J_2 点架设仪器，A，B 点立水准尺，如图 1-5 所示。

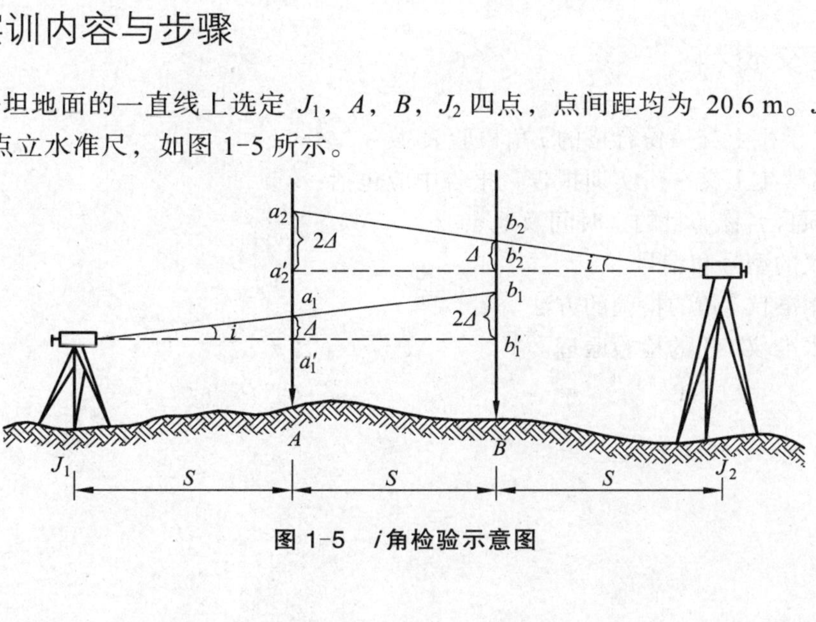

图 1-5　*i* 角检验示意图

（2）J_1 和 J_2 点用小木桩或测钎标志，A 和 B 点安置尺垫。水准仪先安置于 J_1 点，精平仪器后分别读取 A，B 点上水准尺的读数 a_1，b_1。如果 $i=0$，视线水平，在 A，B 点上水准尺的读数应为 a_1'，b_1'，由 i 角引起的读数误差分别为 Δ 和 2Δ。然后把仪器搬至 J_2 点，精平仪器，分别读取 A，B 点上水准尺的读数 a_2，b_2。视线水平时的正确的读数应为 a_2'，b_2'，读数误差分别为 2Δ 和 Δ。

（3）计算 i 角

Δ 由 i 角引起，即：

$$\Delta = \frac{S}{\rho''} i'' \tag{1-21}$$

最后得到：

$$i'' = \frac{\rho''}{S}\Delta = \frac{\rho''}{2S}(h_2 - h_1) \tag{1-22}$$

四、技术要求

水准仪视准轴与水准管轴的夹角 i，DS_1 型不应超过 15″；DS_3 型不应超过 20″。

五、注意事项

（1）水准仪安放到三脚架架头上，必须旋紧连接螺旋，使连接牢固。

（2）测微器同水准仪要连接牢固。

（3）瞄准目标时，必须消除视差。

（4）立水准尺时，水准尺气泡必须居中。

（5）一定要正确地使用测微器及楔形丝进行读数。

六、上交资料

（1）每名学生上交一份合格的 i 角检验表。

（2）每名学生上交一份实训报告，报告中应包括：

① 实训项目名称、目的、时间及地点。

② 水准仪的型号和编号。

③ 精密水准仪 i 角的检验的方法。

④ 精密水准仪 i 角的检验原理。

实训任务十四　二等水准测量外业观测

一、实训目的

（1）通过一条水准环线的施测，掌握二等精密水准测量的观测和记录，使所学知识得到一次实际的应用。

（2）熟悉精密水准测量的作业组织和一般作业规定。

二、实训要求

（1）每组选定一条 0.6 ~ 1.0 km 的闭合水准环线，每人完成不少于一个测站上的观测、记录、打伞、扶尺、量距等工作。

（2）计算环线闭合差。

三、仪器及工具

每组借用 S_1 水准仪 1 台（带脚架），水准标尺 1 对，尺垫 1 副，测伞 1 把，皮尺 1 根，记录板 1 块，自备铅笔、小刀，记录手簿见附表。

四、实训步骤

1. 作业组织

精密水准观测组由 5 ~ 8 人组成，具体分工：观测 1 人、记录 1 人、打伞 1 人、扶尺 2 人、量距 2 人。

2. 限差及作业规定

（1）视线高度不得低于 0.5 m，视线长度一般取 50 m，在某些特殊情况下视线可适当缩短，前后视距差应小于 1 m，累积差小于 3 m。

（2）一测段的测站数布置成偶数，仪器和前后标尺应尽量在一直线上。

（3）观测时要注意消除视差，气泡严格居中，各种螺旋均应以旋进方向终止。

（4）视距读至 1 mm，基辅分划读至 0.1 mm，基辅高差之差 < 0.6 mm。

（5）上丝与下丝的平均值与中丝基本分划之差，对于 0.5 cm 刻划标尺应小于或等于 1.5 mm，对于 1.0 cm 刻划标尺应小于或等于 3.0 mm。

（6）各项记录正确、整齐、清晰，严禁涂改。原始读数的米、分米值有错时，可以整齐地划去，现场更正，但厘米及其以下读数一律不得更改，如有读错记错，必须重测，严禁连环涂改。

（7）每一站上的记录、计算待检查全部合格后才可迁站。

（8）测完一闭合环计算环线闭合差，其值应小于$\pm 4\sqrt{L}$ mm（L 为环线长度，以千米为单位）。

3. 观测程序

精密水准测量中采用如下的观测程序：

往测奇数测站的观测程序为：后—前—前—后；

往测偶数测站的观测程序为：前—后—后—前；

返测奇数测站的观测程序为：前—后—后—前；

返测偶数测站的观测程序为：后—前—前—后。

在一个测站上的观测步骤（以奇数站为例）为：

（1）将仪器整平（望远镜绕垂直旋转时，符合水准气泡两端影像的分离不得超过 1 cm）。

（2）望远镜对准后视水准标尺，转动倾斜螺旋使符合水准气泡两端影像分离不得大于 2 mm，用下、上视距丝平分水准标尺的相应基本分划读取视距。读数时标尺分划的位数和测微器的第一位数共四个数字要连贯读出。

（3）接着转动倾斜螺旋使气泡影像精密符合，并转动测微螺旋使楔形丝照准基本分划，读分划线三位数与测微器二位数。

（4）旋转望远镜照准前视水准标尺，使气泡精密居中，用楔形丝照准基本分划并进行读数，然后按下、上视距丝读取视距。

（5）用楔形丝对准辅助分划进行读数。

（6）再转向后视标尺，转动倾斜螺旋使气泡影像精密符合，进行辅助分划的读数。

至此一个测站的观测工作即告结束。以上为奇数站的后—前—前—后观测程序，偶数站的观测程序为前—后—后—前。

4. 手簿记录

手簿的记录和计算参考教科书。

五、注意事项

（1）观测员在观测过程中，不允许为通过限差规定而凑数，以免成果失去真实性。

（2）记录员除了记录和计算工作以外，还必须检查观测条件是否合乎规定，限差是否满足要求，否则应及时通知观测员重测。记录员必须牢记观测程序，注意不要记录错误。字迹要整齐清晰，不得涂改，更不允许描字和就字改字。在一个测站上应等计算和检查完毕，确定无误后才可离开。

（3）扶尺员在观测之前必须将标尺立直扶稳。严禁双手脱开标尺，以防摔坏标尺。

（4）量距要保证通视，前、后视距相等且有一定的视线高度，并尽量使仪器和前、后标志在一直线上。

六、上交资料

（1）观测手簿。
（2）环线闭合差计算成果（附合水准路线略图）。
（3）上交实训报告。实训报告内容包括：
① 写明实训名称、目的及时间、地点；
② 写明仪器名称及编号；
③ 简述观测方法并附观测记录，做好检查计算；
④ 实训中发生的问题及其原因；
⑤ 体会及建议。

实训任务十五　精密水准测量的概算

概算是水准测量外业结束后平差计算之前所必须进行的一项准备工作。概算前必须对水准测量的外业观测资料进行严格的检查，在确认观测资料正确无误、各项限差都符合要求后，方可进行概算。本实训项目将进行水准测量概算的基本训练。

一、实训目的

（1）明确水准测量概算的意义，认识到水准测量概算在整个数据处理过程中的重要地位。
（2）明确水准测量概算的内容和计算步骤。
（3）掌握水准测量概算的计算方法，熟练进行外业高差和概略高程计算。

二、设备与工具

计算器，计算表见附表。

三、实训内容

一条三等水准路线，观测数据见表 1-8，另已知：Ⅱ沈唐 03 高程 592.443 2 m，Ⅱ沈唐 06 高程 711.843 1 m，标尺尺长改正数 $f = -0.06$ mm/m。试完成该水准路线的概算。

四、计算步骤

1. 水准标尺每米长度误差的改正数计算

利用（1-23）式对所有测段高差按往、返测分别进行水准标尺每米长度误差改正数的计算。

$$\sum\delta_f = f\sum h \qquad (1\text{-}23)$$

2. 正常水准面不平行的改正数计算

按水准测量规范规定，各等级水准测量结果，均须计算正常水准面不平行的改正。正常水准面不平行改正数ε可按（1-24）式计算。

$$\varepsilon_i = -AH_i\Delta\phi_i' \qquad (1\text{-}24)$$

式中，ε_i为各测段的正常水准面不平行改正数；A 为常系数，$A = 0.000\,0015\,371\sin 2\phi$，$\phi$为水准路线平纬度；$H_i$为测段平均高程；$\Delta\phi_i'$为测段纬度差。

3. 水准路线闭合差计算

路线闭合差计算公式见（1-25）式。

$$w = (H_0 - H_n) + \sum h' + \sum\varepsilon \qquad (1\text{-}25)$$

式中，H_0，H_n为水准测量路线两端点的已知高程；$\sum h'$为水准测量路线中各测段加入尺长改正数δ_f后的往返测高差中数之和；$\sum\varepsilon$为水准测量路线中各测段的正常水准面不平行改正数之和。

表 1-8　××三等水准路线观测高差表

水准点号	纬度/(°　′)	距离/km	观测高差	
			往测/m	返测/m
Ⅱ沈唐 03	39 51			
		5.6	+47.121 5	−47.120 1
Ⅲ锦山 01	39 46			
		6.4	−41.048 3	+41.049 4
Ⅲ锦山 02	39 42			
		7.3	−16.347 1	+16.345 1
Ⅲ锦山 03	39 37			
		6.2	+11.401 0	−11.398 0
Ⅲ锦山 04	39 31			
		5.2	+28.894 1	−28.896 1
Ⅲ锦山 05	39 28			
		4.8	−20.743 7	+20.744 2
Ⅲ锦山 06	39 25			
		7.4	+25.617 5	−25.619 2
Ⅲ锦山 07	39 20			
		5.6	+20.102 4	−20.1039
Ⅲ锦山 08	39 17			
		6.3	+36.472 3	−36.473 1
Ⅲ锦山 09	39 18			
		5.2	+27.886 0	−27.884 2
Ⅱ沈唐 06	39 14			

4. 高差改正数的计算

水准测量路线中每个测段的高差改正数可按式（1-26）计算，即：

$$v = -\frac{R}{\Sigma R} w \tag{1-26}$$

即将水准测量路线闭合差 w 反号，按与测段距离 R 成正比予以配赋。

5. 概略高程的计算

根据已知点高程及改正后的高差用式（1-27）计算各水准点的概略高程：

$$H_i = H_{i-1} + h_{i-1,i} + \varepsilon_{i-1,i} + v_{i-1,i} \tag{1-27}$$

即第 i 点的概略高程，等于（i-1）点的高程加（i-1）点至 i 点经改正后的高差、正常水准面不平行改正及高差改正数。

正常水准面不平行改正计算表、水准测量外业高差和概略高程计算表见本实训教程的附表。

五、上交资料

（1）正常水准面不平行改正计算表。
（2）水准测量外业高差和概略高程计算表。

实训任务十六　水准测量的平差计算（平差易）

一、实训目的

（1）进一步掌握平差易软件的使用方法。
（2）掌握水准平差的操作流程。
（3）掌握水准平差观测数据的输入方法。

二、设备及工具

每人一台装有南方平差易软件的计算机。

三、水准平差步骤

（1）控制网数据录入。
（2）坐标推算。
（3）坐标概算。
（4）选择计算方案。
（5）闭合差计算与检核。

（6）平差计算。

（7）平差报告的生成和输出。

四、实训内容

（1）图 1-6 所示为一条附合水准的测量数据和简图，A 和 B 是已知高程点，2、3、4 是待测的高程点，水准测量的原始数据见表 1-9。

表 1-9 水准原始数据表

测站点	高差/m	距离/m	高程/m
A	-50.440	1 474.444 0	96.062 0
2	3.252	1 424.717 0	
3	-0.908	1 749.322 0	
4	40.218	1 950.412 0	
B			88.183 0

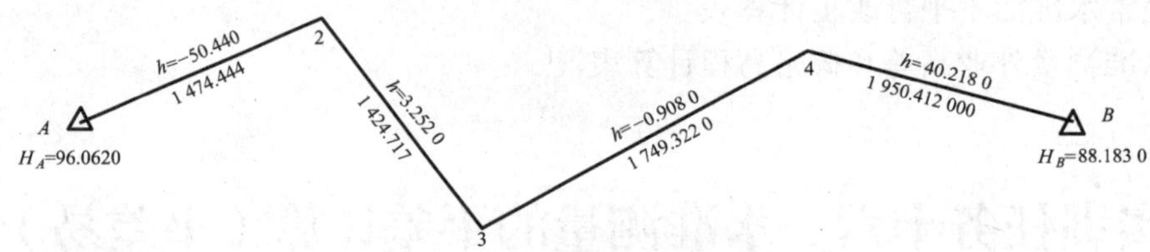

图 1-6 水准路线图（模拟）

（2）在平差易中输入以上数据，输入方式如图 1-7 所示。

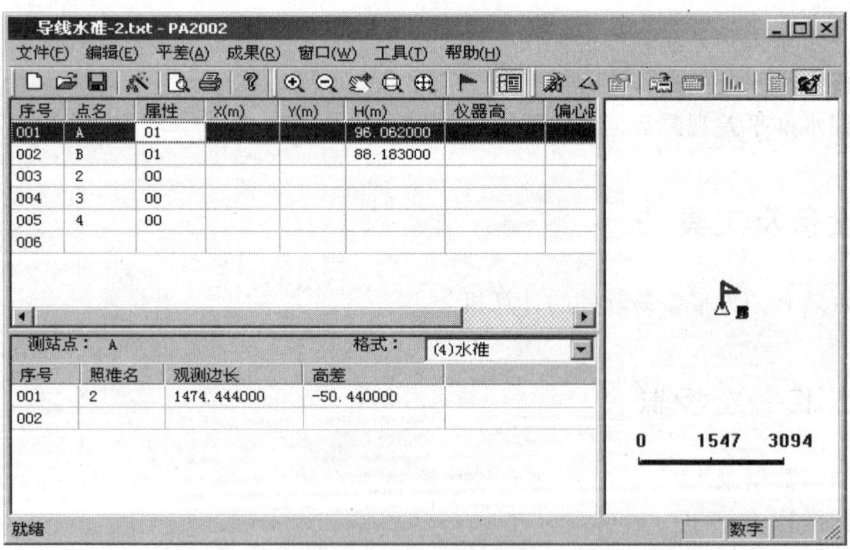

图 1-7 水准数据输入

① 在测站信息区中输入 A，B，2，3 和 4 号测站点，其中 A，B 为已知高程点，其属性为

01；2，3，4 点为待测高程点，其属性为 00，其他信息为空。

② 根据控制网的类型选择数据输入格式，此控制网为水准网，选择水准格式。

③ 选定测站后，需要输入测站的观测信息，包括观测的距离和测站的高差。

五、注意事项

（1）水准测量最少应有一个点的高程已知。

（2）正确选定每一测站点的属性，01 代表高程已知，00 代表是未知点。

（3）数据输入正确，注意高差的正负号。

（4）正确选定高程平差的类型，是水准平差，而不是三角高程，“水准平差”所需要输入的观测数据为观测边长和高差。“三角高程”所需要输入的观测数据为观测边长、垂直角、站标高、仪器高。

（5）在一般水准的观测数据中输入了测段高差就必须要输入相对应的观测边长，否则平差计算时该测段的权为零，因此导致计算结果错误。

（6）判断平差结果是否正确、精度是否符合要求。

六、上交资料

（1）每名学生上交“实训内容”中得到的控制点高程及精度指标。

（2）每名学生上交对高程控制测量平差计算过程的总结，内容应包括：

① 实训项目名称、目的。

② 水准平差的步骤。

③ 水准平差，观测数据的输入方法。

④ 水准平差，包含的各项精度指标。

实训任务十七　精密电子水准仪的认识与读数

一、实训目的

（1）了解 1 ~ 2 种电子水准仪的应用，对电子水准仪读数、测距的原理、分类及精度指标有一个全面的认识。

（2）以一种电子水准仪为例，学会电子水准仪的正确使用方法。

二、实训要求

参观电子水准仪的测高程工作的方法及使用的要领。掌握仪器的操作和条形码水准尺的刻划原理。

三、仪器与工具

每 4 ~ 5 人为一个实训小组，每组领用电子水准仪主机 1 台，三架脚 1 个，条形码水准尺 1 对，尺垫 2 个，30 m 皮尺 1 副，扶杆 2 根，记录板 1 块，测伞 1 把，自备铅笔、小刀，水准测量手簿见附表。

四、实训步骤

（1）由指导教师讲述仪器外部构件及作用。
（2）讲述测高程的方法及程序。
（3）由教师进行操作测一站高差作业流程。
（4）在一个测站上，按“后—前—前—后”观测程序，使用电子水准仪进行水准测量。

五、注意事项

（1）电子水准仪是一种精密仪器，使用时应遵守操作规程，注意仪器安全。
（2）从仪器箱中取出或放回仪器时，应小心谨慎，勿使受到大的冲击和震动。
（3）应在有足够亮度的地方竖立标尺。
（4）装卸电池时，必须先关闭电源。
（5）注意爱护条码水准尺。
（6）在操作过程中，动作要轻，按键盘上各键不能用力过猛。

六、上交资料

（1）每人上交一份水准测量手簿的记录。
（2）实训报告，内容包括：
① 写明实训名称、目的、时间和地点。
② 写明所用仪器及编号。
③ 简述电子水准仪的使用方法及应注意的规则。
④ 附观测记录及成果整理。
⑤ 实训体会与建议。

实训任务十八　三角高程测量

一、实训目的

（1）掌握用三丝法观测垂直角。

（2）熟悉记录格式及垂直角和指标差的计算方法；学会对垂直角观测成果的质量进行判定及处理。

（3）掌握三角高程的计算方法。

二、实训要求

采用四等测量精度，用三丝法完成对 2～3 个方向的垂直角观测、记录与计算，了解垂线偏差对三角高程测量的影响情况。

三、仪器及工具

各组借用 J_2 经纬仪 1 台（带脚架），测伞 1 把，小钢卷尺 1 根，记录板 1 块，自备铅笔、小刀，记录手簿见附表。

四、实训步骤

三丝法就是以上、中、下 3 条横丝依次照准目标的观测方法，构成一个测回的观测程序为：

（1）在盘左位置，按上、中、下 3 条水平横丝依次照准同一目标各一次，使指标水准器气泡精密符合，分别进行垂直度盘读数，得盘左读数 L。

（2）在盘右位置，再按上、中、下 3 条水平横丝依次照准同一目标各一次，使指标水准器气泡精密符合，分别进行垂直度盘读数，得盘右读数 R。

在一个测站上观测时，一般将观测方向分成若干组，每组包括 2～4 个方向，分别进行观测，如通视条件不好，也可以分别对每个方向进行连续照准观测。

按垂直度盘读数计算垂直角和指标差的公式列于表 1-10。

表 1-10　垂直角和指标差的公式

仪器类型	计算公式		各测回互差限值	
	垂直角	指标差	垂直角	指标差
J_1（T_3）	$\alpha=L-R$	$i=(L+R)-180°$	10″	15″
J_2（T_2）	$\alpha=\frac{1}{2}[(R-L)-180°]$	$\alpha=\frac{1}{2}[(L+R)-360°]$		

五、注意事项

（1）仪器高和觇标高的量取要准确。

（2）注意用三丝法和用中丝法进行三角高程测量时，在测回数上的要求不同。

（3）选取观测目标的边长在 2 ~ 3 km，且目标最好为觇标。

六、上交资料

（1）垂直角观测记录手簿，并完成垂直角的计算。

（2）实训报告，包括：

① 写明实训名称、目的、时间和地点。

② 写明所用仪器及编号。

③ 附观测记录、观测成果的质量判定及处理意见。

④ 计算测站点至观测目标点的三角高程（所需其他数据由教师提供）。

⑤ 体会与建议。

实训项目四 控制测量的技术设计、总结

实训任务十九 编写控制测量技术设计书

一、实训目的

（1）明确控制测量技术设计的规定、依据及设计原则。
（2）掌握控制测量技术设计的内容及设计方法。

二、所需设备及工具

《测绘技术设计规定》（CH/T 1004—2005）。
《工程测量规范》（GB 50026—2007）。

三、实训内容

（1）复习《控制测量》课程的知识，包括平面与高程控制测量的作业依据、选点及埋石的方法，平面与高程控制测量的施测方法，测量成果的概算等。
（2）控制测量技术设计的依据与内容，技术设计的原则等。
（3）结合某一实际（模拟）控制测量的过程，每人撰写一分控制测量的技术设计书。

四、参考资料

（1）《控制测量》（林玉祥，测绘出版社，2013）。
（2）《控制测量实用教程》（马驰，西南交通大学出版社，2015）。

五、提交资料

每人提交一份控制测量技术设计书。

实训任务二十　编写控制测量技术总结

一、实训目的

（1）明确编写技术总结的意义和重要性。

（2）区分“技术设计”与“技术总结”的编写要领，掌握编写技术总结的方法。

二、所需设备及工具

（1）控制测量任务书。

（2）《测绘技术总结编写规定》（CH/T 1001—2005）。

（3）《工程测量规范》（GB 50026—2007）。

三、实训内容

（1）复习《控制测量》课程知识，包括控制测量技术设计、平面控制测量与高程控制测量实施全过程、控制测量技术总结等内容，特别要重点解读教材中关于控制测量技术总结的实际案例。

（2）认真学习领会《测绘技术总结编写规定》（CH/T 1001—2005）相关条款。

（3）结合某一实际（或模拟）控制测量工程，每人撰写一份控制测量技术总结报告。

四、注意事项

（1）一项控制测量工程的技术总结报告，其核心内容是对技术设计的执行情况和工程的完成情况进行总结。

（2）此实训项目可以在学完全部课程之后进行，亦可在完成控制测量综合实训任务之后，对控制测量综合实训进行总结。

（3）此实训项目可在课后业余时间内完成。

五、上交资料

每人撰写一份控制测量技术总结报告。

第二部分　控制测量综合实训

控制测量综合实训任务书

根据教学计划安排，在完成《控制测量》课程的课堂教学和课间实训任务后，要进行为期 5 周的控制测量综合实训。所谓综合实训就是把 GPS 静态相对测量、导线测量、精密水准测量等内容进行整合后的实训。实训过程中将执行《工程测量规范》(GB 50026—2007)。通过此次综合实训，对《控制测量》的理论知识能进一步理解、加深，培养和提高理论联系实际能力、独立工作能力、解决综合问题能力和组织管理等能力。

通过这次实训，使学生熟悉控制测量的外业观测与内业计算工作的全过程，增加规范意识、学会使用测量规范、利用各种技术手段进行各等级控制网的布设、数据采集和处理的基本方法与技能。

控制测量综合实训宜安排在学校专门的控制测量实训基地进行仿真实训，也可根据具体情况结合某一实际控制测量工程任务完成实训内容。

一、实训目的

(1) 巩固课堂所学知识，加深对控制测量基本理论的理解，能够用有关的理论指导作业实践，做到理论与实践相统一，提高学生分析问题、解决问题的能力，对控制测量的基本内容进行一次实际的应用，使所学知识进一步巩固、深化。

(2) 对学生进行控制测量野外作业的基本技能训练。通过实训，熟悉并掌握布测等级控制网的全过程，包括编写技术设计书、踏勘、选点、选线、埋石、绘制点之记、仪器检验、外业观测、数据检核与平差计算、编写技术总结等部分。

(3) 通过完成控制测量实际任务的技能训练，提高学生独立从事测绘工作的计划、组织与管理能力和协作精神，培养学生良好的专业品质和职业道德，提高团队意识与协作精神，达到培养和提高专业素质和综合素质的目的。

(4) 通过实训，学会解读与使用测量规范，建立严格遵守测量规范的意识。

二、实训组织

综合实训的实施，首先应有合理的组织安排。实训组织应根据学生人数、实训场地状况、仪器设备情况进行分组，参加实训的学生每 5 ~ 8 人为一小组，设小组长一名；每 3 ~ 4 个小组为大组，设大组长 1 名，根据教师情况，每大组设实训指导教师 1 ~ 2 名。共设置 3 个实训大组，分别为 GPS 组、水准组和导线组。3 个大组可以并行作业，并定期进行轮换。

小组长职责：组织本小组成员认真学习领会实训指导书，贯彻执行指导教师提出的各项要求，带领并组织全组成员顺利完成各项实训、仪器的借用与保管、数据的采集与处理等各项具体工作，并保持与指导教师的顺利沟通。

大组长职责：担当指导教师与各实训小组相互沟通的桥梁纽带，协助指导教师对本大组的实训过程进行有效的管理与协调，使之顺利完成实训任务。

三、实训任务

（1）综合实训任务如下：

① 撰写《××地区控制测量技术设计书》。

② 建立《××地区首级 GPS 平面控制网（四等）。

③ 建立《××地区首级高程控制网（二等）。

④ 采用全站仪对整个测区进行加密控制（平面：一级，高程：五等）。

⑤ 对所有实训环节采集到的数据做必要的检核及相关的计算，经平差处理后形成控制点成果表。

⑥ 编写××地区控制测量技术总结报告。

（2）为保证学生得到均衡的实践锻炼，规定学生按要求必须完成如下任务：

① 独立撰写一份“××控制测量技术设计书”。

② 踏勘、选点、造标、埋石。

a. 在 GPS 实训和精密水准测量实训中，以大组为单位由指导教师带领踏勘测区，了解测区情况及任务情况，领会建网的目的和意义，对控制点进行图上设计与实地选点并构网。

b. 每人至少绘制一个 GPS 点的点之记和一个水准点的点之记。

c. 分组进行造标埋石，视具体情况进行埋石的观摩或实际动手操作。

③ GPS 静态测量。

a. 根据相关规范要求，每大组布设一个完整的××地区 GPS 首级平面控制网，掌握 GPS 控制网布设的基本要求。

b. 根据仪器、人员、车辆、道路及控制网实际情况制定详细的观测计划，并按观测计划实施观测。

c. 按要求现场填写各点 GPS 测量手簿，每时段观测前、后各量取天线高一次，量至毫米，两次量取值较差不超过 3 mm。

d. 接收机内存的数据文件在转存到外存介质上之前，不得进行任何修改，不得调用任何对数据实施重新加工组合的操作命令。

e. 基线解算完成后，每个人均应进行限差校核，内容包括：重复基线闭合差、同步环闭合差、异步环闭合差等。

f. 进行三维无约束平差及二维约束平差，最后得到各 GPS 点的 1954 年北京坐标系（或 1980 年西安大地坐标系）坐标及精度指标。

g. 结合实际，在技术总结报告中对技术设计的执行情况和任务完成情况进行全面总结，技术总结报告中引用的数据必须是真实的。

④ 高程控制测量。

a. 在进行正式水准测量之前一定要先行进行精密水准测量的读数练习和立尺练习。

b. 各小组作业前要对水准仪进行 i 角误差检验，小组必须提交一份合格的检验结果。

c. 每人至少完成 1.0 km 以上（一个完整测段）往返二等水准测量的观测练习和记录练习，并取得合格的观测成果及合格的记录成果。水准记录应严格执行记录规则。施测的水准路线由指导教师确定。

d. 通过实训，在总结报告中要写明进行精密水准测量的一般原则和应注意事项等。

⑤ 全站仪导线加密测量。

a. 通过实训，全面掌握所使用全站仪的性能和具体操作方法。

b. 各小组在指导教师带领下对 GPS 控制网进行 I 级导线加密。当然对整个测区进行加密，其工作量是非常大的。为方便实训，各小组可以选定一条固定的附合（闭合）导线进行观测训练。每人至少完成一条完整路线，取得合格的导线测量观测成果，等级为一级，内容含水平角、边长和直反觇垂直角的测量。

c. 每人至少完成一条完整路线；进行合格的导线测量观测的记录与计算。记录应严格执行记录规则。计算内容：方向观测值及测距平均值的计算、竖直角的计算、导线的计算（建议采用严密平差方法）与检核、三角高程的计算（一定要顾及球气差的影响与改正）与限差检核，每人提交一份正规的计算成果。

d. 三角高程测量的观测与计算执行国家五等水准的技术要求。

e. 技术总结报告中应附有导线的计算和三角高程的计算，并对结果作出说明。

f. 记录员应完成导线记录表中的全部计算，导线坐标与三角高程的计算由观测员完成。

⑥ 撰写《××地区控制测量技术总结报告》。

四、技术标准

（1）《工程测量规范》（GB 50026—2007）。

（2）《测绘技术总结编写规定》（CH/T 1001—2005）。

（3）《测绘技术设计规定》（CH/T 1004—2005）。

（4）《国家一、二等水准测量规范》（GB 12897—91）。

（5）《控制测量》（林玉祥，测绘出版社，2009）。

（6）《控制测量实用教程》（马驰，西南交通大学出版社，2015）。

五、实训进程安排

综合实训需要 5 周时间（共计 25 天），实训进程安排如下：

（1）实训动员、借领仪器　　1 天

（2）控制测量技术设计　　4 天

（3）GPS 首级平面控制测量　　5 天
（4）首级高程控制测量　　5 天
（5）Ⅰ级导线加密导线　　5 天
（6）控制测量技术总结　　2 天
（7）仪器操作考核　　2 天
（8）归还仪器　　1 天

考虑到仪器数量和实训场地等条件限制，水准组、导线组和 GPS 应定期轮换。

六、仪器设备与工具

1. 精密水准测量（水准组）

S_1 型精密水准仪（带脚架）1 台，因瓦水准标尺 2 只，尺垫 2 只，扶尺杆 4 根，50 ~ 100 m 测绳（或皮尺）1 只，测伞 1 把，记录板 1 块，自备铅笔，小刀等文具用品。

2. GPS 测量（GPS 组）

实训大组由 3 ~ 4 个小组组成，每小组借用静态 GPS 接收机 1 台套（含脚架及量高尺），GPS 电池 1 个，充电器 1 个，对讲机 1 部，自备铅笔、小刀等文具用品。

3. 全站仪导线测量（导线组）

全站仪（包括脚架）1 台，棱镜（包括脚架、基座和觇板）2 个，2 m 钢卷尺 3 把，测伞 1 把，自备铅笔、小刀等文具用品。

以上所有实训项目的记录计算表格见本实训教程的附表。

七、上交资料

1. 每个实训小组应上交的资料

（1）GPS 网点位布设图。
（2）GPS 首级控制网的观测数据和现场观测记录、坐标平差结果及精度评定结果。
（3）水准测量观测手簿、全站仪导线观测手簿。
（4）水准仪的检验资料。
（5）所有控制点点之记。
（6）相关的计算表。

2. 每人应上交的资料

（1）GPS 控制网点位布设图、自己绘制的点之记。
（2）全站仪导线的坐标计算表。
（3）全站仪导线的三角高程计算表。
（4）“××地区控制测量技术设计书”和“××地区控制测量技术总结报告”。

控制测量综合实训指导书

一、编写《××地区控制测量技术设计书》

技术设计书应包含的内容和具体要求如下：

1. 任务概述

说明任务来源、测区范围、地理位置、行政隶属、任务量和采用的技术依据。

2. 测区自然地理概况

说明测区地理特征、居民地、交通、气候等情况，并划分测区困难类别。

3. 已有资料的分析、评价和利用

说明作业单位，施测年代，作业所依据的标准、所采用的平面、高程和重力基准；说明已有资料的质量情况，并作出评价和指出利用的可能性。

4. 设计方案

（1）控制测量外业：一般要求先在适当的比例尺地形图上，按有关标准进行图上设计，图上设计完后，应展绘成一定比例尺设计图。

设计方案的文字说明应符合以下基本要求：

① GPS、导线测量：说明所确定的控制网的名称、等级、图形、点的密度、已知点的利用情况等；采用的坐标系统及相关坐标系统间的转换计算方法；初步确定标石的类型、GPS 基线向量、水平角和导线边的测定方法，新旧点的联测方案和 GPS 点、导线点高程的测定方法等。

根据上述情况，按工序确定工作量。

② 水准测量：叙述采用的高程基准及起算点的简况，说明路线的名称、等级、位置、长度、点的间距及编号方法；确定交叉点、基本点和基岩点的点名和位置；确定标石类型及埋设规格；拟定观测、联测、检测及跨越障碍的各项方案；计算工作量。

（2）控制测量计算：分析和评价外业成果资料；说明采用的平面、高程基准和起算数据；确定平差计算的计算软件、计算方法和精度要求；提出精度分析的方法，对计算成果打印格式和整理的要求；计算工作量。

（3）采用新技术和新方法时要说明所使用的仪器和执行的标准，或提出技术要求和达到的精度指标。

5. 建议和措施

为完成上述设计方案，拟定所需的仪器设备和主要物资，并指出业务管理，物资供应，通讯联络等工作中必须采取的措施和对作业的建议。

6. 附图、附表

（1）技术设计图。
（2）综合工作量表。
（3）工天利用表。
（4）主要物资器材表。
（5）预计上交产品和资料表等。

二、控制测量外业作业的技术要求

1. GPS 静态测量

（1）GPS 选点要求
① 点位的选择符合技术设计要求，并有利于其他测量手段进行扩展与联测。
② 点位的基础应坚实稳固，易于长期保存，并有利于安全作业。
③ 点位应视空开阔，被测卫星的地坪高度角应大于 15°。
④ 点位应远离大功率无线电发射源，远离高压输电线其距离不得小于 50 m。
⑤ 附近不应有干扰接受卫星信号的物体。
⑥ 交通应便于作业。
（2）技术要求
① 各等级 GPS 测量的基本技术要求见表 2-1

表 2-1 各等级 GPS 测量的基本技术要求

项目	三等	四等	一级
卫星高度角/（°）	≥15	≥15	≥15
有效卫星数	≥5	≥4	≥4
PDOP 值	≤6	≤6	≤8
时段长度/min	≥20	≥15	≥10
采样间隔/s	10～30	10～30	10～30

② 观测准备

每天出发前应确保电池电量充足，仪器及附件携带齐全，作业前应保证数据存储容量充足，天线安置应符合下列要求：天线应安于基座之上，整平对中，对中误差小于 3 mm；天线定位标志指向正北，定向误差小于 5°；测前测后应分别量取天线高度，其误差应小于 3 mm。

③ 作业要求

各作业组应严格执行作业调度计划，确保同时观测同一组卫星。确认接收机各连线正确无误后方可开机。仪器正常工作后，作业员应逐项填写测量手簿中各项内容。作业期间，观测员不得擅自离开测站，注意严格保护仪器。每日观测结束后，应及时将数据进行备份，并对观测数据进行解算。

④ 基线解算及检验

GPS 网应由独立基线构成，对于长度小于 8 千米的基线边，必须采用双差固定解。

同步环坐标分量及环线全长相对闭合差应满足式（2-1）、式（2-2）、式（2-3）规定：

$$W_x \leqslant \frac{\sqrt{n}}{5}\sigma，W_y \leqslant \frac{\sqrt{n}}{5}\sigma，W_z \leqslant \frac{\sqrt{n}}{5}\sigma \tag{2-1}$$

$$W = \sqrt{W_x^2 + W_y^2 + W_z^2} \tag{2-2}$$

$$W \leqslant \frac{\sqrt{3n}}{5}\sigma \tag{2-3}$$

异步环坐标分量及环线全长相对闭合差应满足式（2-4）、式（2-5）、式（2-6）：

$$W_x \leqslant 2\sqrt{n}\sigma，W_y \leqslant 2\sqrt{n}\sigma，W_z \leqslant 2\sqrt{n}\sigma \tag{2-4}$$

$$w \leqslant 3\sqrt{3n}\sigma \tag{2-5}$$

$$w = \sqrt{w_x^2 + w_y^2 + w_z^2} \tag{2-6}$$

重复基线的长度较差应满足式（2-7）规定：

$$\mathrm{d}s \leqslant 2\sqrt{2}\sigma \tag{2-7}$$

对于超限的基线边长必须进行重测。

⑤ GPS 网平差

对于由独立基线组成的 GPS 网，应先在 WGS-84 坐标系下进行三维无约束平差，然后在地方坐标系中进行 2 维约束平差。

2. 精密水准测量

（1）精密水准测量注意事项

① 用光学测微法读厘米以下的小数以代替直接估读，以提高读数精度，直读到 0.1 mm 位，i 角检验时读至 0.01 mm 位。

② 选择在标尺分划成像清晰、稳定和气温变化小的时间观测，即在最佳观测时段内观测。

③ 晴天观测要打伞，迁站时要保证使仪器竖直，对于外挂式测微器，必须用细绳将其拴牢，确保其安全。

④ 视线长度、视线高不能超限，每站的前、后视距基本相等。

⑤ 一测段水准路线上（两个水准点之间）的测站数必须是偶数。往、返测的前、后标尺必须交换。

⑥ 相邻测站观测程序相反，观测程序如下：对于往测奇数站，后视基本分划上、下、中，前视基本分划中、上、下，前视辅助分划中，后视辅助分划中；对于往测偶数站，前视基本

分划上、下、中，后视基本分划中、上、下，后视辅助分划中，前视辅助分划中；返测时，奇数测站和偶数测站的观测顺序与往测时相反，奇数测站是“前—后—后—前”，偶数测站是“后—前—前—后”。

（2）精密水准测量作业限差与技术要求

精密水准测量作业限差与技术要求见表 2-2 和表 2-3。

表 2-2　二等精密水准测量观测限差

等级	最大视线长度	前后视距差	任一测站前后视距累积差	视线离地面最低高度	基辅分划读数差	一测站观测两次高差之差
二	50 m	1.0 m	3.0 m	0.5 m	0.5 mm	0.7 mm

表 2-3　二等水准路线主要技术指标

等级	每千米高差中数中误差		路线往、返测高差不符值	附合路线或环线闭合差	检测已测测段高差之差
	偶然中误差 M_Δ	全中误差 M_W			
二	±1	±2	$\pm 4\sqrt{L_S}$	$\pm 4\sqrt{L}$	$\pm 6\sqrt{L_i}$

注：$M_\Delta = \pm\sqrt{\frac{1}{4n}\left(\frac{\Delta\Delta}{L_S}\right)}$，$M_W = \pm\sqrt{\frac{1}{N}\left(\frac{WW}{L}\right)}$。

3. 全站仪导线测量

全站仪导线测量实训要求，水平角、天顶距、斜距要分别进行测量，不可进行交叉测量。

（1）全站仪控制测量注意事项：

① 用于控制测量的全站仪的精度要达到相应等级控制测量的要求。

② 测量前要对仪器按要求进行检定、校准；出工前要检查仪器电池的电量。

③ 必须使用与仪器匹配的反射棱镜测距。

④ 测量前要检查仪器参数和状态设置，如角度、距离、气压、温度的单位，最小显示、测距模式、棱镜常数、水平角和垂直角形式、双轴改正等。可提前设置好仪器，在测量过程中不再改动。

⑤ 手工记录以便检核各项限差，内存记录用作对照检查。

（2）测量操作步骤：

① 在测站上安置全站仪，对中、整平（激光对中、电子整平时要先启动仪器），量记仪器高。

② 在各镜站上安置棱镜，对中、整平，量记棱镜高，镜面对向测站。

③ 打开全站仪电源，盘左，望远镜十字丝照准后视方向的反射棱镜觇牌纵横标志线，配置水平度盘，并读记水平角读数，然后照准前视，读记水平角读数。

④ 倒镜盘右观测水平角的下半测回。

⑤ 按与观测水平角相似的方法依次观测天顶距和斜距。

⑥ 完成全部规定测回的观测。

⑦ 量测仪器高、棱镜高作为检核。

⑧ 检查记录正确无误后关闭仪器，本站结束，仪器装箱，迁至下站。

（3）作业限差与技术要求，见表 2-4 ~ 表 2-8。

表 2-4　导线测量主要技术要求

等级	附合导线长度/km	平均边长/km	每边测距中误差/mm	测角中误差/（″）	导线全长相对闭合差	测回数	方位角闭合差/（″）
四等	9	1.5	±18	±2.5	1/35 000	6	$\pm5\sqrt{n}$
一级	4	0.5	±15	±5.0	1/15 000	2	$\pm10\sqrt{n}$

表 2-5　导线水平角方向观测法的技术要求（DJ_2）

等级	光学测微器两次重合读数之差/（″）	半测回归零差/（″）	一测回 2*c* 较差/（″）	同一方向值各测回较差/（″）
四等及以上	3	8	13	9
一级及以下		12	18	12

注：对于三、四等导线，当只有两个观测方向时，应半数测回测左角，半数测回测右角，且［左角］$_中$＋［右角］$_中$-360°应小于相应等级测角中误差的 2 倍。

表 2-6　测距的主要技术要求

平面控制网等级	仪器精度等级	每边测回数		一测回读数较差/mm	单程各测回较差/mm	往返测距较差/mm
		往	返			
四等	5 mm 级仪器	2	2	≤5	≤7	$\leqslant 2(a+b\cdot D)$
	10 mm 级仪器	3	3	≤10	≤15	
一级	10 mm 级仪器	2		≤10	≤15	–
二、三级	10 mm 级仪器	1		≤10	≤15	

注：“测距一测回”的含义是照准一次读数 2～4 次。

表 2-7　电磁波测距三角高程测量的主要技术指标

等　级	每千米高差全中误差/mm	边长/km	观测方式	对向观测高差较差/mm	附合或环形闭合差/mm
四等	10	≤1	对向观测	$40\sqrt{D}$	$20\sqrt{\sum D}$
五等	15	≤1	对向观测	$60\sqrt{D}$	$30\sqrt{\sum D}$

注：① *D* 为电磁波测距边长度（km）。

② 起讫点的精度等级，四等应起讫于不低于三等水准的高程点上，五等应起讫于不低于四等的高程点上。

③ 线路长度不应超过相应等级水准路线的总长度。

表 2-8　电磁波测距三角高程观测的主要技术指标

等级	垂直角观测				边长测量	
	仪器精度	测回数	指标差较差/（″）	测回较差/（″）	仪器精度	观测次数
四等	2″级	3	≤7″	≤7″	10 mm 级仪器	往返各一次
五等	2″级	2	≤10″	≤10″	10 mm 级仪器	往一次

注：① 仪器、反光镜或觇牌的高度，应在观测前后各量测一次并精确至 1 mm，取其平均值作为最终高度。

② 高程成果的取值，应精确至 1 mm。

三、编写《××地区控制测量技术总结报告》

完成××地区控制测量外业工作后，每人编写一份技术总结报告，要求内容全面、概念正确、语句通顺、文字简练、书写工整、插图和数表清晰美观，并按统一格式以 A4 纸排版。

依《测绘技术设计规定》（CH/T 1004—2005），技术总结的主要内容如下：

1. 概　述

概要说明如下内容：

（1）测绘项目的名称、专业测绘任务的来源；专业测绘任务的内容、任务量和目标，产品交付与接收情况等。

（2）计划与实际完成情况、作业率的统计。

（3）作业区概况和已有资料的利用情况。

2. 技术设计执行情况

主要内容包括：

（1）说明专业活动所依据的技术性文件，内容包括：专业技术设计书及其有关的技术设计更改文件，必要时也包括本测绘项目的项目设计书及其设计更改文件；有关的技术标准和规范。

（2）说明和评价专业技术活动过程中，专业技术设计文件的执行情况，并重点说明专业测绘生产过程中，专业技术设计书的更改情况（包括专业技术设计更改内容、原因的说明等）。

（3）描述专业测绘生产过程中出现的主要技术问题和处理方法、特殊情况的处理及其达到的效果等。

（4）当作业过程中采用新技术、新方法、新材料时，应详细描述和总结其应用情况。

（5）总结专业测绘生产中的经验、教训（包括重大的缺陷和失败）和遗留问题，并对今后生产提出改进意见和建议。

3. 测绘成果（或产品）质量情况

说明和评价测绘成果（或产品）的质量情况（包括必要的精度统计），产品达到的技术标准，并说明测绘成果（或产品）的质量检查报告和编号。

4. 上交测绘成果（或产品）和资料清单

说明上交测绘成果（或产品）和资料的主要内容和形式，主要包括：

（1）测绘成果（或产品）：说明其名称、数量、类型等，当上交成果的数量或范围有变化时需附上交成果分布图。

（2）文档资料：专业技术设计文件、专业技术总结、检查报告，必要的文档簿（图历簿）以及其他作业过程中形成的重要记录。

（3）其他须上交和归档的资料。

第三部分　练习题

习题一　控制测量的基本知识

一、填空题

1. 控制网一般分为（　　　）和（　　　）两大类。其中一类解决控制点的（　　　）问题，另一类解决控制点的（　　　）问题。

2. 控制测量的作业流程分别为：收集资料、（　　　）、图上选点、（　　　）、造标埋石、（　　　）、计算。

3. 平面控制网按其布网形式分为三角网、（　　　）、（　　　）三种形式。

4. 国家水平控制网的布设原则：（　　　）、（　　　）、（　　　）。

5. 按用途分控制测量分为（　　　）控制测量和（　　　）控制测量。

6. 按工作内容将控制测量分为（　　　）控制测量和（　　　）控制测量。

7. 控制测量是高精度测算地面高级点的（　　　）和（　　　）。

8. 控制测量是（　　　）和（　　　）的依据。

9. 地面点的坐标有天文坐标、（　　　）、（　　　）等。

10. 高程控制网一般采用（　　　）或（　　　）的形式布设，近年来也有采用（　　　）布设的。

二、选择题

1. 控制测量外业的基准面是（　　）。

A. 大地水准面　　B. 参考椭球面　　C. 法截面　　D. 水准面

2. 以下不是控制网的质量标准的为（　　）。

A. 精度标准　　B. 可靠性标准　　C. 费用标准　　D. 时间标准

3. 控制测量的任务书一般由（　　）制定的。

A. 工程的发包方　　B. 工程的承包方　　C. 工程的监理方　　D. 以上都可

4. 蔡司光学仪器厂是（　　）生产的。

A. 德国　　B. 英国　　C. 法国　　D. 美国

5. 在城市街区、地下工程等地区布设平面控制网一般采用（　　）。

A. GPS 网　　B. 三角网　　C. 导线网　　D. 边角网

三、判断题

1. 国家控制网的布设原则是：分级布网、逐级控制，有足够的精度和密度，有统一的技术规格和要求。(　　)

2. 采用三角网布设首级网时，宜布设为近似等边三角网，其三角形的内角不应小于 40°。(　　)

3. GPS 高程测量可以达到二等精度。(　　)

4. 工程测量平面控制网可分为一、二、三、四等。(　　)

5. 新中国成立后我国在全国范围内建设了一等三角锁（网）。(　　)

四、叙述题

1. 控制测量学的任务和主要研究内容是什么?简述其在国民经济建设中的地位。它应遵循怎样的作业程序?

2. 平面控制网分成几类？他们的作用各是什么？

3. 如何理解控制网有控制全局的作用？

4. 平面控制网的布设原则是什么？试述分级布网，逐级控制的必要性。

5. 精密导线网的布设原则是什么？为什么精密导线的平均边长要较三角网边长为短？

6. 与三角测量相比，导线测量有哪些优缺点？在什么情况下采用导线控制形式？

7. 简述控制测量新技术发展的几个方面。

8. 针对控制测量学的任务和内容，你将如何学习控制测量学这门的课程？

习题二　常规平面控制测量

一、名词解释

1. 视差：

2. 目标相位差：

3. 视准轴误差：

4. 水平轴倾斜误差：

5. 照准部偏心差：

6. 光学测微器行差：

7. 方向观测法：

8. 2c 互差：

9. 比例误差：

10. 固定误差：

11. 相位法测距：

12. 验算：

二、填空题

1. 四等导线长度约 9 km，平均边长 1.6 km，测角采用 DJ_2 需（　　）个测回。

2. 多个测回观测水平方向时，要配置 60°33′52″，度盘上应该配置（　　），而测微器上该配置（　　）。

3. 测距仪器的标称精度表达式为：$m_D=a+b\times D$，m_D 表示（　　），a 表示（　　），b 表示（　　），D 表示测距长度（　　）。

4. 导线网尤其在城镇地区应用更具优越性，是由于通视方向少，在布网时受障碍物限制较少，又由于边角同测，其横向位移小于（　　）网，纵向位移小于（　　）网，（　　）又低于测边网和三角网。

5. 设想由静止的平均海水面向陆地延伸所包含的形体是（　　）。

6. 四等工程测量三角网中，规范规定测角中误差不大于（　　），三角形闭合差不大于（　　）。

7. 在进行水平方向值观测时，2 个方向采用测回法观测；当观测方向超过 3 时，则应该采用（　　）观测。

8. 目前电子经纬仪和全站仪的测角部分均采用了（　　）系统，它们的主要功能是自动的完成（　　）、（　　）和竖直角的观测。

9. 水平角在测量过程中受到的误差主要来源于以下三个方面：（　　）、（　　）以及（　　）。

10. 视准轴误差表现在同一测回照准同一目标的盘左、盘右的读数差中，该差值为（　　）倍视准轴误差，以（　　）表示。

11. 水平轴倾斜误差对盘左、盘右水平方向观测值的影响，大小（　　），符号（　　）。

12. 垂直轴倾斜误差对水平方向观测值的影响，不仅与（　　）倾斜的角度有关，而且随照准目标的（　　）和（　　）的不同而变化。

13. 仪器的机械结构误差主要包括：（　　）、（　　）、（　　）等。

14. 按载波源分类，电磁波测距仪可分为（　　）测距仪、（　　）测距仪；（　　）测距仪三种；按测程的长短，电磁波测距仪可分为（　　）测距仪、（　　）测距仪和（　　）测距仪。

15. 常规平面控制测量的外业工作主要包括控制点的实地踏勘、（　　）、（　　）以及（　　）等工作。

三、选择题

1. 以下不能用于四等及以上平面控制测量工作中观测水平角的仪器为（　　）。

A. 威特 T_2 经纬仪　　B. 蔡司 010 经纬仪

C. 苏一光 J_2 经纬仪　　D. TDJ_6 经纬仪

2. 以下为电子经纬仪不能实现的功能是（　　）

A. 自动观测距离　　B. 自动观测水平角

C. 自动观测竖直角　　　　D. 自动显示方位值

3. 线测量中横向误差主要是由（　　）引起的。

A. 大气折光　　B. 测距误差　　C. 测角误差　　D. 地球曲率

4. 经纬仪观测竖直角时，采用盘左、盘右取平均可消除（　　）的影响。

A. 水平度盘分划误差　　　　B. 水平度盘中心差

C. 视准轴误差　　　　D. 水平轴倾斜误差

5. DJ_2是用来代表光学经纬仪的，其中 2 是指（　　）。

A. 我国第二种类型的经纬仪　　　　B. 经纬仪的型号

C. 该型号仪器水平方向观测一测回的中误差　D. 厂家的代码

6. 有一台标称精度为 $2\ \text{mm}+2\times10^{-6}$ 的测距仪，测量了一条 1 km 的边长，边长误差为（　　）。

A. ±2 mm　　B. ±4 mm　　C. ±6 mm　　D. ±8 mm

7. 在三角测量中，最弱边是指（　　）。

A. 边长最短的边　　　　B. 边长最长的边

C. 相对精度最低的边　　　　D. 边长中误差最大的边

8. 导线测量中纵向误差主要是由（　　）引起的。

A. 大气折光　　B. 测距误差　　C. 测角误差　　D. 地球曲率

9. 用经纬仪测水平角时，必须用（　　）精确地瞄准目标的标志中心底部位置。

A. 十字丝竖丝　　B. 十字丝横丝　　C. 十字丝交点　　D. 以上都可以

10. 下列为仪器的几何结构误差的为（　　）。

A. 垂直轴倾斜误差　　　　B. 度盘的分划误差

C. 光学测微器行差　　　　D. 照准目标的相位差

11. 中程光电测距仪的测距范围一般是（　　）。

A. 1 km 以下　　B. 1 ~ 3 km　　C. 3 ~ 15 km　　D. 15 km 以上

四、判断题

1. 定向角就是测站上起始方向的方位角。（　　）

2. 控制测量外业的基准面是大地水准面。（　　）

3. 条件平差中，虽大地四边形个别角度未观测，但仍能列出极条件方程式。（　　）

4. 测量过程中仪器对中均以铅垂线方向为依据，因此铅垂线是测量外业的基准线。（　　）

5. 用测距仪测量边长时，一测回是指照准目标一次，读数一次的过程。（　　）

6. 全站仪一般只能发送一种波长的电磁波。（　　）

7. 全站仪距离测量时输入温度和大气压强后可以自动进行大气改正，但不能自动球曲改正。（　　）

8. 导线测量的概算就是依控制网的几何条件检核观测质量。（　　）

9. 常用的精密光学经纬仪的光学测微器按内部结构来分有双平行玻璃板式测微器和双光楔式测微器。（　　）

10. 导线测量中的方向观测值通常需要归算至大地水准面。（　　）

五、叙述题

1. 精密导线实地选点时，对点位提出哪些要求？为什么？

2. 观测过程中仪器没有精确整平对观测带来何种影响？

3. 什么是经纬仪的三轴误差？它们对水平角观测有何影响？在观测时采用什么措施来减弱或消除这些影响？

4. 计算 $2c$ 的目的是什么？$2c$ 变化过大说明什么问题？

5. $L-R=2c$，该式成立的条件是什么？该式的严格形式又是什么?为什么通常可以用该式检查观测成果的质量？

6. 何谓水平折光差?为什么说由它引起的水平方向观测误差呈系统误差性质?在作业中应采取什么措施来减弱其影响?

7. 何谓相位差?它属于何种误差性质?作业中应采取什么措施来减弱其影响？

8. 为了减弱仪器误差，使用水平微动螺旋和垂直微动螺旋应注意什么？为什么？

9. 设在某些方向垂直角超过 3°的测站上进行水平方向观测，应采取哪些措施?

10. 电磁波测距仪有哪些分类方法？各是如何分类的?

11. 为什么电磁波测距仪一般都采用两个以上的测尺频率？利用单一频率能否进行距离测量？为什么？

12. 为什么要进行验算？验算的内容是什么？

13. 相位式测距仪测距的求距基本公式和基本原理是什么？试简述其中的 N 值确定方法。

14. 测距误差共有哪些？哪些属于比例误差？哪些属于固定误差？为什么？

15. 测距过程中的照准误差是由什么原因引起的？用什么措施避免或减弱其影响？

16. 用光电测距仪进行距离测量时，在测站上应对测得的倾斜距离加入哪些改正？外业工作结束后，应进行哪些计算和检核工作？

习题三　卫星定位平面控制测量

一、名词解释

1. GPS 测量的精度标准：

2. 观测时段：

3. 同步观测：

4. 异步观测环：

5. 独立基线：

6. WGS-84 大地坐标系：

7. GPS 网的基准设计：

8. PDOP：

二、填空题

1. GPS 系统由（　　）、（　　）、（　　）三部分组成。

2. GPS 卫星数为（　　），分（　　）轨道运行。

3. GPS 卫星的平均高度为（　　），卫星发射的是（　　）或（　　）载波。

4. 地面监控部分由（　　）个主控站，（　　）个监测站，（　　）个注入站组成。

5. GPS 定位是利用（　　）交会定点原理。

6. 利用载波相位观测进行精密定位，必须首先解决（　　）和（　　）两个问题。

7. 国家技术质量监督局把 GPS 控制网分为（　　）、（　　）、（　　）、（　　）、（　　）、（　　）级，B 级网的平均边长为（　　）、C 级网的平均边长为（　　）。

8. 与接收机有关的误差，包括观测误差（　　）、（　　）、（　　）等。

9. 载波相位差分观测值可以按（　　）、（　　）和（　　）等三要素来产生，根据求差次数可分为（　　）、（　　）和（　　）。

10. 与卫星有关的误差，包括（　　）、（　　）、（　　）、（　　）等。

11. GPS 网技术设计的主要内容包括（　　）、（　　）和（　　）。

12. GPS 网的基准包括（　　）、（　　）和（　　）。GPS 网的基准设计，实质上主要是指（　　）问题。

13. 相邻两个同步图形有（　　）个公共点的连接方式叫边连式。

14. GPS 网技术设计的主要依据是（　　）和（　　）。

15. 两台或两台以上接收机同时对同一组卫星进行的观测称为（　　）。

16. 根据 GPS 测量的不同用途，GPS 网的图形有（　　）、（　　）、（　　）和边点混连式等四种连接方式。选择什么样的组网，取决于（　　）、（　　）及 GPS 接收机台数等因素。

17. GPS 测量的观测工作主要包括（　　）、（　　）、（　　）和观测数据的质量判定等。

18. 对 GPS 观测数据进行处理的基本过程大体分为：（　　）、（　　）、（　　）或与已有地面网的联合平差。

19. GPS 网的基准包括（　　）、（　　）和（　　）。

20. 五台接收机同步观测的基线数为（　　），独立基线数为（　　）。

三、选择题

1. 双频接收机可以同时接收 L1 和 L2 信号，利用双频技术可以消除或减弱（　　）对观测量的影响，所以定位精度较高，基线长度不受限制，所以作业效率较高。

A. 对流层折射　　B. 多路径误差　　C. 电离层折射　　D. 相对论效应

2. 在定位工作中，可能由于卫星信号被暂时阻挡，或受到外界干扰影响，卫星跟踪的暂时中断，使计数器无法累积计数，这种现象叫（　　）。

A. 整周跳变　　B. 相对论效应　　C. 地球潮汐　　D. 负荷潮

3. 在 GPS 测量中，观测值都是以接收机的（　　）位置为准的，所以天线的相位中心应该与其几何中心保持一致。

A. 几何中心　　B. 相位中心

C. 点位中心　　D. 高斯投影平面中心

4. 实现 GPS 定位至少需要（　　）颗卫星。

A. 三颗　　B. 四颗　　C. 五颗　　D. 六颗

5. WGS-84 坐标系属于（　　）。

A. 协议天球坐标系　　B. 瞬时天球坐标系　　C. 地心坐标系　　D. 参心坐标系

6. 不同测站同步观测同卫星的观测量单差可消除（　　）影响。

A. 卫星钟差　　B. 接收机钟差　　C. 整周未知数　　D. 大气折射

7. 西安 80 大地坐标系属（　　）。

A. 协议地球坐标系　　B. 协议天球坐标系　　C. 参心坐标系　　D．地心坐标系

8. 白天的电离层误差影响比晚上的影响（　　）。

A. 大　　B. 小　　C. 相同　　D．无关

9. 五台接收机的同步观测图形中有（　　）条基线。

A. 5　　B. 6　　C. 8　　D. 10

10. 最可靠的同步图形扩展方式是（　　）。

A. 点连式　　B. 边连式　　C. 网连式　　D. 混连式

11. 精度衰减因子的大小取决于（　　）。

A. 卫星位置　　B. 测站位置

C. 卫星分布与测站位置　　D. 信号好坏

12. 三角形是 GPS 网中的一种（　　）。

A. 基本图形　　B. 扩展图形

C. 设计图形　　D. 高稳定度图形

13. 选点时，要求点位上空无遮挡，以免（　　）影响。

A. 整周跳　　B. 半周跳　　C. 全周跳　　D. 圆周跳

14. 选点时，要求点位周围无反射物，以免（　　）影响。

A. 走捷径误差　　B. 走弯路误差　　C. 多路径误差　　D. 短路径误差

15. 截止高度角以下的卫星信号（　　）。

A. 未观测　　B. 未记录　　C. 未锁定　　D. 未采用

16. GPS 网平差时，应先在（　　）坐标系中进行三维无约束平差。

A. 北京 54　　B. 西安 80　　C. 地方　　D. WGS-84

17. 无约束平差通过检验，说明（　　）数据合格。

A. 已知　　B. 观测　　C. 计算　　D. 设计

18. 参考站的电台天线是（　　）差分信号的设备。

A. 接收　　B. 发射　　C. 传输　　D. 产生

19. 差分定位时，浮点解的精度比固定解的精度（　　）。

A. 高　　B. 低　　C. 相同　　D. 无关

20. 双差模型可消除（　　）误差。

A. 卫星钟　B. 接收机钟　C. 多路径　D. 相位中心

21. 单频接收机进行相对定位观测时，基线长度应（　　）。

A. 小于 30 km　B. 大于 30 km　C. 小于 20 km　D. 大于 20 km

22. 消除多路径误差影响的方法是（　　）。

A. 动态定位　B. 静态定位　C. 码相位观测　D. 载波相位观测

四、判断题

1. PDOP 越小，观测精度越高。(　　)

2. GPS 网的基准设计，实质上主要是指确定网的位置基准问题。(　　)

3. GPS 网的图形设计，也就是根据对所布设的 GPS 网的精度要求和其他方面的要求，设计出由同步 GPS 边构成的多边形网。(　　)

4. GPS 数据预处理的主要目的，是利用原始观测数据进行基线向量的解算，为进一步的 GPS 网平差做准备。(　　)

5. 一般来说，PDOP 值越小，所测卫星在空间的分布范围越合理；反之，所测卫星的分布越差。(　　)

6. 大地高是地面点沿法线投影到椭球面的距离。(　　)

7. 正常高是地面点沿法线投影到椭球面的距离。(　　)

8. 高程异常是大地水准面至椭球面之间的高程差。(　　)

9. 在短基线（小于 20 km）上使用单频接收机可以获得很好的相对定位结果（　　）。

10. 对于 GPS 网的精度要求，主要取决于网的用途和定位技术所能达到的精度。精度指标通常是以相临点间弦长的标准差来表示。(　　)

11. 在接收机和卫星间求二次差，可消去两测站接收机的相对钟差改正，在实践中应用甚广。(　　)

12. 四等 GPS 网的基线长度相对中误差应不超过 1/45 000。(　　)

13. 同步环就是同步观测基线构成的闭合环。(　　)

14. 边连式就是两个同步图形之间有两个共同点。(　　)

15. 应当选择 PDOP 较大的时间观测。(　　)

16. 接收机号可以不在现场记录。(　　)

17. 高度角大于截止高度角的卫星不能观测。(　　)

18. GPS 网的无约束平差通过检验，说明观测数据符合精度要求。(　　)

19. GPS 高程定位精度高于平面精度。(　　)

20. GPS 的通视要求是指与测站上空的卫星通视，但是在实际作业中为了加密低等级控制点，一般还要求至少与一个相邻控制点通视。(　　)

五、叙述题

1. 简述 GPS 系统的组成。

2. 简述 GPS 卫星测量的主要误差来源及消除（削弱）方法。

3. 什么是绝对定位？什么是相对定位？

4. 什么叫 GPS 网的基准设计?GPS 网的基准包括哪些?

5. 什么是 GPS 网的图形设计？主要与什么有关？

6. 简述 GPS 控制网的布设原则。

7. GPS 网选点时应注意哪些问题？选点工作结束后应提交的技术资料主要包括哪些？

8. 高程联测的目的是什么?实现这一目的的数据处理基本思想是什么?对联测点有何要求?

9. GPS 网外业观测中应注意哪些事项。

10. 什么是边连式，有什么优点？

11. GPS 网平差计算的主要内容是什么？

习题四　高程控制测量

一、名词解释

1. 重力异常：

2. 正高系统：

3. 正常高系统：

4. 高程异常：

5. 水准原点：

6. *i* 角误差：

7. 似大地水准面：

二、填空题

1. 设想静止平均海水面向陆地延伸所包含的形体是（　　　）。

2. 国家水准网分为（　　　）、（　　　）、（　　　）、（　　　）。

3. 地面点的高程有（　　　）、（　　　）、（　　　）。

4. 在二等水准测量中，视线离地面最低高度不大于（　　　），基辅分划读数较差不大于（　　）。

5. 我国现用高程系统有（　　　）、（　　　）。

6. 以大地水准面为基准面的高程系统称为（　　　）。

7. 四等水准测量奇数站可以采用（　　　）的观测程序，而精密水准测量在奇数测站必须要采用（　　　）的观测程序。

8. 水准测量前、后视距相等可以消除（　　　）的影响。

9. 二等水准测量中，基辅分划所测高差之差不大于（　　　）mm，基辅分划读数较差不大于（　　　）mm 。

10. 地面起伏较大高程控制网采用（　　　）；精度要求低时高程控制网采用（　　　）。

11. 以近似大地水准面为基准面的高程系统称为（　　　）。

三、选择题

1. 水准线路设置成偶数站可以消除（　　）的影响。

A. i 角误差　　B. 仪器下沉误差

C. 标尺零点差　　D. 大气折光差

2. 水准测量时，一条线路采用往、返测取中数可以消除（　　）的影响。

A. i 角误差　　B. 仪器下沉误差

C. 标尺零点差　　D. 标尺下沉误差

3. 消除视差的正确方法是（　　）。

A. 仔细调节目镜

B. 仔细进行物镜对光

C. 仔细进行目镜对光、然后进行物镜对光

D. 仔细进行物镜对光，然后进行目镜对光

4. 水准测量要求视线离地面一定的高度，可以减弱（　　）的影响。

A. i 角误差　　B. 标尺零点差

C. 大气垂直折光　　D. 仪器下沉误差

5. 水准仪 i 角误差是指水平视线（　　）与水准管轴之间的夹角。

A. 在垂直面上投影的交角　　B. 在水平面上投影的交角

C. 在空间的交角　　D. 任意夹角

6. 使用测微螺旋和照准部微动螺旋时，要求最后旋转方向为“旋进”，是为了消除（　　）的影响。

A. 照准部旋转引起底座位移　　B. 照准部旋转引起底座弹性扭转

C. 微动螺旋间隙差　　D. 度盘中心差

7. 用水准仪望远镜在标尺上读数时，应首先消除视差，产生视差的原因是（　　）。

A. 外界亮度不够　　B. 标尺不稳

C. 标尺的成像面与十字丝平面没能重合　　D. 成像不稳定

8. 在进行高程控制测量时，对于地势比较平坦地区且精度要求高时，一般采用（　　），对于地势起伏较大的山区且精度要求低时，一般采用（　　）。

A. 水准测量　　B. 视距测量　　C. 三角高程测量　　D. 高程重力测量

9. 正常高的基准面是（　　）。

A. 大地水准面　　B. 似大地水准面　　C. 水准面　　D. 参考椭球体

10. 地面上任意一点大地高与正常高之差称为（　　）。

A. 大地水准面差距　　B. 高程异常　　C. 正高　　D. 垂线偏差

11. 我国所采用的统一高程系统为（　　）。

A. 大地高　　B. 正常高　　C. 正高　　D. 力高

12. 水准测量要求视线离地面一定的高度，可以减弱（　　）的影响。
A. i 角误差　　B. 标尺零点差　　C. 大气垂直折光　　D. 仪器下沉误差

四、判断题

1. 我国采用的高程系是正常高高程系统 。(　　)

2. 瑞士生产的威特 N3、德国生产的蔡司 Ni004 和我国北京测绘仪器厂生产的 S1 型水准仪均可用于二等水准测量。(　　)

3. 使用因瓦合金制造精密水准尺是为了尺更加坚固。(　　)

4. 地面点的高程通常是指该点到大地水准面的垂直距离。(　　)

5. 影响电磁波测距三角高程精度的主要误差是大气折光的影响。(　　)

6. 在水准测量中，当测站数为偶数时，不必加入一对水准尺的零点差改正；但是当测站数为奇数时，必须加入零点差改正。(　　)

7. 高精度水准测量时在所有点上都必须将水准尺置于尺垫上以减弱尺沉降误差。(　　)

8. 地面点的高程通常是指该点到参考椭球面的垂直距离。(　　)

9. 在几何水准测量中，保证前、后视距相等，可以消除球气差的影响。(　　)

10. 在水准测量中，当测站数为偶数时，不必加入一对水准尺的零点差改正；但是当测站数为奇数时，必须加入零点差改正。(　　)

五、叙述题

1. 我国水准仪系列包括 S_{05}, S_1, S_3, S_{10} 等型号, 试问 S 字母及后面数字各代表什么含义?

2. 布设水准网时应考虑哪些因素？水准测量的作业过程是怎样的?

3. 何谓水准原点？何谓 1985 国家高程基准?

4. 水准路线设计、选点、埋石应注意哪些问题?

5. 精密水准仪的 i 角和交叉误差是如何产生的？如何检验、校正？它们对水准测量成果有什么影响？进行观测时应采取哪些措施以削弱由于 i 角的变化和交叉误差残余影响所引起的误差?

6. 精密水准仪和普通水准仪比较有些什么特点？精密水准尺应满足哪些要求?

7. 精密水准测量作业时，为何要求采取下列措施?

（1）前后视距相等。

（2）按“后—前—前—后”程序操作。

（3）同一测站的前、后视方向不得作两次调焦。

（4）旋转微倾斜螺旋及测微轮最后为“旋进”。

8. 试述国家高程控制网的布设原则。

9. 既然地面上任一点的正高相对于大地水准面有唯一确定的数值，为什么在实用时不用它来表示地面点的高程而要采用正常高系统?

10. 在作业中，若发现测段往返测不符值连续为同符号，分析其可能的主要原因。

11. 根据观测高差计算正常高高差，需要加入哪些改正项？
12. 沿着同一纬度圈进行水准测量是否需要加入正常重力位不平行性改正，为什么？
13. 以二等水准测量为例，试述一个测站、一个测段、一条路线的各项工作及主要规定。
14. 水准面不平行性的结论是如何得到的？对水准测量产生什么影响？
15. 控制测量概算的主要目的是什么？包括哪些内容？
16. 水准概算的主要内容。
17. 精密水准测量的误差来源包括哪些？怎么消除或削弱？

习题五　地面观测值归算至椭球面

一、名词解释

1. 子午圈：
2. 卯酉圈：
3. 大地坐标系：
4. 法截线：
5. 法截面：
6. 垂线偏差改正：
7. 标高差改正：
8. 高斯投影：
9. 方向改化：
10. 长度比：
11. 参心坐标系：

二、填空题

1. 以长半轴为 a，短半轴为 b 的椭圆绕短半轴旋转得到的形体是（　　　）。
2. 测量外业工作的基准面为（　　　），基准线为（　　　）。
3. 测量计算的基准面为（　　　），基准线为（　　　）。
4. 三差改正是将水平方向归算至椭球面上，包括（　　　）、（　　　）和（　　　）。
5. 传统大地测量利用天文大地测量和重力测量资料推算地球椭球的几何参数，我国 1954 年北京坐标系应用是（　　　）椭球，1980 年国家大地坐标系应用的是（　　　）椭球，而全球定位系统（GPS）应用的是（　　　）椭球。
6. 两个互相垂直的法截弧的曲率半径，在微分几何中统称为主曲率半径，它们是指（　　　）和（　　　）。
7. 椭球面上任意一点的平均曲率半径 R 等于该点（　　　）和（　　　）的几何平均值。
8. 投影变形一般分为（　　　）、（　　　）和（　　　）。

9. 地图投影中有（　　　）投影、（　　　）投影和（　　　）投影等。

10. 高斯投影是（　　　）投影，保证了投影的（　　　）的不变性，图形的（　　　）性，以及在某点各方向上的（　　　）的同一性。

11. 采用分带投影，既限制了（　　　），又保证了在不同投影带中采用相同的简便公式进行由于（　　　）引起的各项改正数的计算。

12. 参考椭球定位与定向的方法可分为两种，即（　　　）和（　　　）。

三、选择题

1. 我国采用的1980图家大地坐标系应用的是（　　）。

A. 1975年国际椭球参数　　B. 克拉索夫斯基椭球参数
C. WGS—84椭球参数　　D. 贝塞尔椭球参数

2. 我国采用的1954年北京坐标系应用的是（　　）。

A. 1975年国际椭球参数　　B. 克拉索夫斯基椭球参数
C. WGS—84椭球参数　　D. 贝塞尔椭球参数

3. 包含椭球面一点的法线，可以作（　　）法截面，不同方向的法截弧的曲率半径（　　）。

A. 唯一一个　　B. 多个　　C. 相同　　D. 不同

4. 垂线偏差改正的数值主要与（　　）和（　　）有关。

A. 测站点的垂线偏差　　B. 照准点的高程
C. 观测方向天顶距　　D. 测站点到照准点距离

5. 同一点曲率半径最长的是（　　）。

A. 子午线曲率半径　　B. 卯酉圈曲率半径
C. 平均曲率半径　　D. 方位角为45°的法截线曲率半径

6. 方向改正中，三等和四等三角测量（　　）。

A. 不加截面差改正，应加入垂线偏差改正和标高差改正
B. 应加入三差改正
C. 不加垂线偏差改正和截面差改正，应加入标高差改正
D. 不加三差改正

7. 子午法截弧是（　　）方向，其方位角为（　　）。

A. 东西　　B. 南北　　C. 任意　　D. 不确定

8. 子午法截弧方位角为（　　）。

A. 0°　　B. 90°　　C. 180°　　D. 0°或180°

9. 卯酉法截弧是（　　）方向。

A. 东西　　B. 南北　　C. 任意　　D. 不确定

10. 卯酉法截弧方位角为（　　）。

A. 0°　　B. 90°　　C. 0°或180°　　D. 90°或270°

11. 任意法截弧的曲半径 R 不仅与点的纬度 B 有关，还与过该点的法截弧的（　　）有关。

A. 经度　　B. 纬度　　C. 坐标　　D. 方位角

12. M，R，N 三个曲率半径间的关系可表示为（　　）。

A. $N>R>M$　　B. $R>M>N$　　C. $M>R>N$　　D. $R>N>M$

13. 单位纬差的子午线弧长随纬度升高而（　　），单位经差的平行圈弧长则随纬度升高而（　　）。

A. 缩小　　B. 增长　　C. 相等　　D. 不变

14. 某点纬度愈高，其法线与椭球短轴的交点愈（　　），即法截线偏（　　）。

A. 高　　B. 低　　C. 上　　D. 下

15. 标高差改正的数值主要与（　　）有关。

A. 测站点的垂线偏差　　B. 照准点的高程

C. 观测方向天顶距　　D. 测站点到照准点距离

16. 截面差改正数值主要与（　　）有关。

A. 测站点的垂线偏差　　B. 照准点的高程

C. 观测方向天顶距　　D. 测站点到照准点距离

四、判断题

1. 子午圈是大地线。（　　）
2. 控制测量计算的基准面是参考椭球面。（　　）
3. 大地水准面上各点的铅垂线，与参考椭球的法线一般不重合。（　　）
4. 扁率 α 反映了椭球体的扁平程度，α 越大，椭球体越扁。（　　）
5. 过椭球面上一点的法线，可作唯一一个法截面。（　　）
6. 大地线是两点间所连的直线段，所以是两点间最短的路线。（　　）
7. WGS-84 坐标系是一种参心坐标系。（　　）
8. 垂线偏差是过地面点的垂线方向与该点在椭球面上的法线不重合而造成的。（　　）
9. 大地水准面是大地测量计算的基准面。（　　）
10. 空间直角坐标系是用大地经度 L、大地纬度 B 和大地高 H 表示地面点位的。（　　）

五、叙述题

1. 野外测量的基准面、基准线各是什么?测量计算的基准面、基准线各是什么?为什么野外作业和内业计算要采取不同的基准面?
2. 椭球定位的含义是什么?
3. 何谓垂线偏差?造成地面各点垂线偏差不等的原因有哪些?
4. 我国在新中国成立以后主要采用哪两种参考椭球?
5. 参考椭球体扁率的变化，椭球体的形状发生怎样的变形?
6. 简要说明并图示地面某一点的大地高、正常高以及大地水准面差距的几何意义。
7. 卯酉圈曲率半径 N 与子午圈曲率半径 M 何时有最大值？何时有最小值?

8. 简要叙述 M（子午圈曲率半径）、N（卯酉圈曲率半径）、R（平均曲率半径）三种曲率半径之间的关系。

9. 何谓椭球面上的相对法截线和大地线？试鉴别下列各线是否为大地线并简要说明理由：（1）任意方向法截线；（2）子午圈；（3）卯酉圈；（4）平行圈。

10. $B\neq0°$的平行圈是否有可能是法截线？为什么？

11. 卯酉圈曲率半径 N 与子午圈曲率半径 M 何时有最大值？何时有最小值？

12. 什么是法线？什么是法截面？它们对椭球解算有什么意义？

13. 什么叫大地线？为什么可以用大地线代替法截线？大地线具有什么性质？

14. 当椭球元素确定之后，椭球面上任意方向法截线曲率半径的计算值取决于哪两个变量？为什么？

15. 三差改正的改正数大小，各与什么有关？

习题六　椭球面上元素归算至高斯平面

一、名词解释

1. 地图投影：
2. 投影变形：
3. 正形投影：
4. 高斯投影 6°带：
5. 高斯平面直角坐标系：
6. 高斯投影正算：
7. 高斯投影反算：
8. 长度变形：

二、填空题

1. 大地经度为 132°25′的点，位于 6°带的第（　　　）带，其中央子午线经度为（　　　）。

2. 大地线方向归算到弦线方向时，顺时针为（　　　），逆时针为（　　　）。

3. 大地线投影后变为（　　　）线，这在平面上解算测量问题是极其困难的，因此需要用连接各点间的（　　　）线代替（　　　）线。

4. 以参考椭球面为基准面的高程系统称为（　　　）。

5. 外业测量的基准面是（　　　），大地坐标基准面是（　　　）。

6. 高斯投影过程中，当 $y=0$（或 $l=0$）时，长度比 $m=$（　　　），即中央子午线投影后长度（　　　）。

7. 将控制网归算到高斯平面的过程中，起算点大地坐标的归算是将起算点的（　　　）归算为（　　　）。

8. 为了便于施工放样工作的顺利进行，要求由控制点坐标直接反算的边长与实地量得的边长，在（　　）上应该相等，这就是说由上述两项归算投影改正而带来的（　　）变形或者改正数，不得大于施工放样的精度要求。

三、选择题

1. 已知椭球面上某点的大地坐标（L，B），求该点在高斯投影面上的直角坐标（x，y），叫做（　　）。

A. 坐标正算　B．坐标反算　C. 高斯正算　D．高斯反算

2. 已知高斯投影面上某点的直角坐标（x，y），求该点在椭球面上的大地坐标（L，B），叫做（　　）。

A. 坐标正算　B. 坐标反算　C. 高斯正算　D. 高斯反算

3. 控制测量计算的基准面是（　　）。

A. 大地水准面　B. 参考椭球面　C. 法截面　D. 高斯投影面

4. 设两点间大地线长度为 S，在高斯平面上投影长度为 s，平面上两点间直线长度为 D，则（　　）。

A. $S<s>D$　B. $s<S>D$　C. $s<D>S$　D. $S<D>s$

5. 长度比只与点的（　　）有关，而与点的（　　）无关。

A. 方向　B. 位置　C. 长度变形　D 距离

四、判断题

1. 高斯投影中的6°带中央子午线一定是3°带中央子午线，而3°带中央子午线不一定是6°带中央子午线。（　　）

2. 同一点曲率半径最长的是高斯投影面。（　　）

3. 高斯投影是横轴椭圆柱等角投影。（　　）

4. 我国6°带为13～24带，3°带为25～45带。（　　）

五、论述题

1. 控制测量对投影提出什么样的基本要求？为什么要提出这种要求？

2. 叙述高斯投影反算公式中应满足的三个条件。

3. 为什么要研究投影？我国目前采用的是何种投影？

4. 椭球是一个不可展曲面，将此曲面上的测量要素转换到平面上去，必然会产生变形，此种变形一般可分为哪几类？我们可采取什么原则对变形加以控制和运用？

5. 正形投影有哪些特征？何谓长度比？

6. 将椭球面三角形归算到高斯投影面的内容包括哪些？

7. 某点的平面直角坐标 x、y 是否等于椭球面上该点至赤道和中央子午线的距离?为什么?

8. 高斯投影既然是正形投影，为什么还要引进方向改正？

9. 椭球面上的三角网投影至高斯平面，应进行哪几项计算？图示说明原因。

10. 如果不论测区的具体位置如何，仅为了限制投影变形，统称采用 3°带投影优于 6 带投影，你认为这个结论正确吗？为什么？

11. 什么是平面子午线收敛角？试用图表示平面子午线收敛角之下列特性：

（1）点在中央子午线以东时，午线收敛角为正，反之为负。

（2）点与中央子午线的经差愈大，午线收敛角值愈大。

（3）点所处的纬度愈高，午线收敛角值愈大。

12. 试述高斯投影正、反算间接换带的基本思路。

13. 若已知高斯投影第 33 带的平面坐标，试述利用高斯投影公式求第 34 带平面坐标的方法（可采用假设的符号说明）。

习题七　控制测量的技术设计、总结和检查验收

一、填空题

1. 一项控制测量工程的整个工作过程包括（　　　）、外业观测、内业计算、（　　　）、（　　　）等若干部分。

2. （　　　）是使控制网的布设既满足质量要求又做到经济合理的重要保障，是指导生产的重要技术文件。

3. 控制测量的技术总结，是对控制测量工作的（　　　）和（　　　）的执行情况进行的全面总结。

4. 项目总结由（　　　）的法人单位负责编写或组织编写；专业技术总结由（　　　）的法人单位负责编写。

5. 测绘技术总结分为（　　　）总结和（　　　）总结。

6. 技术总结编写完成后，单位（　　　）或（　　　）应对技术总结编写的客观性、完整性等进行审核并签字，并对技术总结编写的质量负责。

7. 控制测量的验收制度要遵守（　　　）级检查（　　　）级验收制度。

8. 验收工作应在测绘产品经最终检查合格后进行，由（　　　）的委托单位组织实施，或由该单位委托专职检验机构验收。

二、叙述题

1. 技术设计的意义、内容是什么？

2. 技术设计应该遵循哪些原则？

3. 测绘技术总结编写的主要依据是什么？

4. 测绘技术总结的主要内容包括哪些？

5. 简述测绘产品检查验收的基本规定。

第四部分　附表

附表 1　水平角观测记录表（方向观测法）

第____测回　仪器______No______　点名：________　等级：______　日期：____年____月____日

天气：__________　班级：______________　组别：______________　开始：____时______分

成像：__________　观测者：____________　记录者：____________　结束：____时______分

方向号数名称及照准目标	读数						左-右 (2c)	$\frac{左+右}{2}$	方向值	附注
	盘左			盘右						
	° ′	″	″	° ′	″	″	″	″	° ′ ″	

水平角观测记录表（方向观测法）

第____测回 仪器______No______ 点名：__________ 等级：______ 日期：____年____月____日

天气：____________ 班级：________________ 组别：________________ 开始：____时______分

成像：____________ 观测者：______________ 记录者：______________ 结束：____时______分

方向号数名称及照准目标	读数						左-右（2*c*）	$\frac{左+右}{2}$	方向值	附注
	盘左			盘右						
	° ′	″	″	° ′	″	″	″	″	° ′ ″	

附表 2　水平度盘光学测微器行差的测定

仪器：　　　　　　　　　　观测：　　　　　　　　　　记录：　　　　　　　　　　日期：

度盘位置	a	b	c	$a-b$	$a-c$	度盘位置	a	b	c	$a-b$	$a-c$
° ′						° ′					

$r=$　　　　　　　　　　$r_{正}-r_{倒}=$　　　　　　　　　　中数：

附表 3 经纬仪水平轴不垂直于竖轴之差的测定

（一）高、低两点间水平角的测定

仪器：　　　　　　　　　　　　　　　　　　年　　月　　日

观测者：　　　　　　　　记录者：　　　　　　　　检核者：

度盘位置	照准点	读数 盘左（L）		读数 盘右（R）		$2c$（左−右±180°）	$\frac{1}{2}$(左+右±180°)	角度
°		° ′ ″	″	° ′ ″	″	″	° ′ ″	° ′ ″
0（顺）	1 高点							
	2 低点							
30	1							
	2							
60	1							
	2							
90（逆）	1							
	2							
120	1							
	2							
150	1							
	2							
$c_{高}=\frac{1}{2m}\sum_{1}^{n}(L-R)_{高}=$				$c_{低}=\frac{1}{2m}\sum_{1}^{n}(L-R)_{低}=$				

（二）高、低点垂直角的测定

仪器：　　　　　　　　　　　　　　　　　　年　　月　　日

观测者：　　　　　　　　记录者：　　　　　　　　检核者：

照准点	测回	读数 盘左			读数 盘右			指标差″	垂直角/（° ′ ″）
		° ′	″	″	° ′	″	″		
高点	I								
	II								
	III								
	中数								
低点	I								
	II								
	III								
	中数								
$\alpha=$									

水平轴不垂直于垂直轴之差：$i=\frac{1}{2}(c_{高}-c_{低})\cot\alpha=$

经纬仪水平轴不垂直于竖轴之差的测定

（一）高、低两点间水平角的测定

仪器：　　　　　　　　　　　　　　　　　　　　　　　　　　年　　月　　日

观测者：　　　　　　　　　　　　　记录者：　　　　　　　　　检核者：

度盘位置	照准点	读数 盘左（L）		读数 盘右（R）		$2c$（左−右±180°）	$\frac{1}{2}$(左＋右±180°)	角度
°		° ′ ″	″	° ′ ″	″	″	° ′ ″	° ′ ″
0（顺）	1高点							
	2低点							
30	1							
	2							
60	1							
	2							
90（逆）	1							
	2							
120	1							
	2							
150	1							
	2							
$c_{高}=\frac{1}{2m}\sum_{1}^{n}(L-R)_{高}=$				$c_{低}=\frac{1}{2m}\sum_{1}^{n}(L-R)_{低}=$				

（二）高、低点垂直角的测定

仪器：　　　　　　　　　　　　　　　　　　　　　　　　　　年　　月　　日

观测者：　　　　　　　　　　　　　记录者：　　　　　　　　　检核者：

照准点	测回	读数 盘左			读数 盘右			指标差	垂直角
		° ′	″	″	° ′	″	″	″	° ′ ″
高点	I								
	II								
	III								
	中数								
低点	I								
	II								
	III								
	中数								
$\alpha=$									

水平轴不垂直于垂直轴之差：$i=\frac{1}{2}(c_{高}-c_{低})\cot\alpha=$

附表 4　Ⅰ级导线点点之记

<table>
<tr><td>点名</td><td></td><td>通视点名</td><td></td><td>等级</td><td></td><td>所在图幅</td><td></td></tr>
<tr><td>所在地</td><td colspan="3"></td><td>概略坐标</td><td>L：</td><td colspan="2">B：</td></tr>
<tr><td colspan="4" rowspan="2">点位略图：</td><td colspan="4">点位说明：</td></tr>
<tr><td colspan="4" rowspan="5">标石断面图：
单位：cm</td></tr>
<tr><td>选点单位</td><td colspan="3"></td></tr>
<tr><td>选点员</td><td colspan="3"></td></tr>
<tr><td>选点日期</td><td colspan="3"></td></tr>
<tr><td colspan="2">是否联测水准</td><td colspan="2"></td></tr>
</table>

Ⅰ级导线点点之记

<table>
<tr><td>点名</td><td></td><td>通视点名</td><td></td><td>等级</td><td></td><td>所在图幅</td><td></td></tr>
<tr><td>所在地</td><td colspan="3"></td><td>概略坐标</td><td>L：</td><td colspan="2">B：</td></tr>
<tr><td colspan="4" rowspan="2">点位略图：</td><td colspan="4">点位说明：</td></tr>
<tr><td colspan="4" rowspan="5">标石断面图：
单位：cm</td></tr>
<tr><td>选点单位</td><td colspan="3"></td></tr>
<tr><td>选点员</td><td colspan="3"></td></tr>
<tr><td>选点日期</td><td colspan="3"></td></tr>
<tr><td colspan="2">是否联测水准</td><td colspan="2"></td></tr>
</table>

Ⅰ级导线点点之记

<table>
<tr><td>点名</td><td></td><td>通视点名</td><td></td><td>等级</td><td></td><td>所在图幅</td><td></td></tr>
<tr><td>所在地</td><td colspan="3"></td><td>概略坐标</td><td colspan="3">L：　　B：</td></tr>
<tr><td colspan="4">点位略图：</td><td colspan="4">点位说明：</td></tr>
<tr><td>选点单位</td><td colspan="3"></td><td colspan="4" rowspan="4">标石断面图：
单位：cm</td></tr>
<tr><td>选点员</td><td colspan="3"></td></tr>
<tr><td>选点日期</td><td colspan="3"></td></tr>
<tr><td colspan="2">是否联测水准</td><td colspan="2"></td></tr>
</table>

Ⅰ级导线点点之记

<table>
<tr><td>点名</td><td></td><td>通视点名</td><td></td><td>等级</td><td></td><td>所在图幅</td><td></td></tr>
<tr><td>所在地</td><td colspan="3"></td><td>概略坐标</td><td colspan="3">L：　　B：</td></tr>
<tr><td colspan="4">点位略图：</td><td colspan="4">点位说明：</td></tr>
<tr><td>选点单位</td><td colspan="3"></td><td colspan="4" rowspan="4">标石断面图：
单位：cm</td></tr>
<tr><td>选点员</td><td colspan="3"></td></tr>
<tr><td>选点日期</td><td colspan="3"></td></tr>
<tr><td colspan="2">是否联测水准</td><td colspan="2"></td></tr>
</table>

附表 5　导线测量记录表

班级＿＿＿＿　组号＿＿＿＿　组长＿＿＿＿　仪器＿＿＿＿　编号＿＿＿＿
成像＿＿＿＿　温度＿＿＿＿　气压＿＿＿＿　日期：＿＿＿＿年＿＿＿＿月＿＿＿＿日

测回序号	觇点	读　数/(°　′　″)		2c /(″)	半测回方向值 /(°　′　″)	方向值 /(°　′　″)
		盘左	盘右			

垂直角观测

测回序号	觇点	读　数/(°　′　″)		指标差 /(″)	垂直角 /(°　′　″)	目标高 /m
		盘左	盘右			

边长观测

由＿＿＿＿至＿＿＿＿					由＿＿＿＿至＿＿＿＿				
测回序号	距离（斜距）测量/m				测回序号	距离（斜距）测量/m			
	读数 1	读数 2	读数 3	平均		读数 1	读数 2	读数 3	平均
测距中数					测距中数				

测站：＿＿＿＿＿＿　观测者：＿＿＿＿＿＿　记录者：＿＿＿＿＿＿

导线测量记录表

班级________ 组号________ 组长________ 仪器________ 编号________

成像________ 温度________ 气压________ 日期：____年____月____日

测回序号	觇点	读数/(° ′ ″)		2*c*/(″)	半测回方向值/(° ′ ″)	方向值/(° ′ ″)
		盘左	盘右			

垂直角观测

测回序号	觇点	读数/(° ′ ″)		指标差/(″)	垂直角/(° ′ ″)	目标高/m
		盘左	盘右			

边长观测

由____至____					由____至____				
测回序号	距离（斜距）测量/m				测回序号	距离（斜距）测量/m			
	读数 1	读数 2	读数 3	平均		读数 1	读数 2	读数 3	平均
测距中数					测距中数				

测站：________ 观测者：________ 记录者：________

导线测量记录表

班级________ 组号________ 组长________ 仪器________ 编号________

成像________ 温度________ 气压________ 日期：________年________月________日

测回序号	觇点	读　数/(° ′ ″)		2c /(″)	半测回方向值 /(° ′ ″)	方向值 /(° ′ ″)
		盘左	盘右			

垂直角观测

测回序号	觇点	读　数/(° ′ ″)		指标差 /(″)	垂直角 /(° ′ ″)	目标高 /m
		盘左	盘右			

边长观测

由____至____					由____至____				
测回序号	距离（斜距）测量/m				测回序号	距离（斜距）测量/m			
	读数 1	读数 2	读数 3	平均		读数 1	读数 2	读数 3	平均
测距中数					测距中数				

测站：________ 观测者：________ 记录者：________

导线测量记录表

班级__________ 组号__________ 组长__________ 仪器 __________ 编号__________

成像__________ 温度__________ 气压__________ 日期：______年______月______日

测回序号	觇点	读　数/(° ′ ″)		2c/(″)	半测回方向值/(° ′ ″)	方向值/(° ′ ″)
		盘左	盘右			

垂直角观测

测回序号	觇点	读　数/(° ′ ″)		指标差/(″)	垂直角/(° ′ ″)	目标高/m
		盘左	盘右			

边长观测

由______至______					由______至______				
测回序号	距离（斜距）测量/m				测回序号	距离（斜距）测量/m			
	读数 1	读数 2	读数 3	平均		读数 1	读数 2	读数 3	平均
测距中数					测距中数				

测站：__________ 观测者：__________ 记录者：__________

附表 6　导线测量计算表

班级＿＿＿＿＿　组号＿＿＿＿＿　组长＿＿＿＿＿　计算者＿＿＿＿＿　日期：　年　月　日

点号	观测右角	改正数	改正后角值	坐标方位角	边长	坐标增量计算值/m		改正后增量值/m		坐标/m	
						ΔX	ΔY	ΔX	ΔY	X	Y

附表 7　GPS 点点之记

日期：　　年　　月　　日　　　　记录者：　　　　　绘图者：　　　　　校对者：

<table>
<tr><td rowspan="4">点名及种类</td><td rowspan="2">GPS 点</td><td>名</td><td></td><td rowspan="2">土质</td><td rowspan="2"></td></tr>
<tr><td>号</td><td></td></tr>
<tr><td rowspan="2">相邻点（名、号、里程、通视否）</td><td colspan="2" rowspan="2"></td><td>标石说明（单、双层、类型）旧点</td><td></td></tr>
<tr><td>旧点名</td><td></td></tr>
<tr><td colspan="2">所在地</td><td colspan="4"></td></tr>
<tr><td colspan="2">交通路线</td><td colspan="4"></td></tr>
<tr><td colspan="2" rowspan="2">所在图幅</td><td colspan="2" rowspan="2"></td><td rowspan="2">概略位置</td><td>X　　Y</td></tr>
<tr><td>L　　B</td></tr>
<tr><td colspan="6"></td></tr>
<tr><td colspan="2">备注</td><td colspan="4"></td></tr>
</table>

GPS 点点之记

日期：　　年　　月　　日　　　记录者：　　　　　　绘图者：　　　　　　校对者：

<table>
<tr><td rowspan="3">点名及种类</td><td rowspan="2">GPS 点</td><td>名</td><td></td><td rowspan="2">土质</td><td rowspan="2" colspan="2"></td></tr>
<tr><td>号</td><td></td></tr>
<tr><td>相邻点（名、号、里程、通视否）</td><td colspan="2"></td><td>标石说明（单、双层、类型）旧点
旧点名</td><td colspan="2"></td></tr>
<tr><td colspan="2">所在地</td><td colspan="6"></td></tr>
<tr><td colspan="2">交通路线</td><td colspan="6"></td></tr>
<tr><td colspan="2" rowspan="2">所在图幅</td><td colspan="2" rowspan="2"></td><td rowspan="2">概略位置</td><td>X</td><td>Y</td></tr>
<tr><td>L</td><td>B</td></tr>
<tr><td colspan="8"></td></tr>
<tr><td>备注</td><td colspan="7"></td></tr>
</table>

附表 8 GPS 外业观测手簿

观测者：________ 日 期：________年____月____日

测站名：________ 测站号：________时段号：________ 天 气：

<table>
<tr><td colspan="2">测站近似坐标：
经度：E______°______′
纬度：N______°______′
高程：______m</td><td colspan="2">记录时间：□北京时间 □UTC
开始时间：
结束时间：</td></tr>
<tr><td colspan="4">接收机号________ 天线号________
天线高（m）：1．______ 2．______平均值 ______ 测后检核值______</td></tr>
<tr><td>量取天线高略图：</td><td colspan="3">备注：</td></tr>
</table>

GPS 外业观测手簿

<table>
<tr><td colspan="2">测站近似坐标：
经度：E______°______′
纬度：N______°______′
高程：______m</td><td colspan="2">记录时间：□北京时间 □UTC
开始时间：
结束时间：</td></tr>
<tr><td colspan="4">接收机号________ 天线号________
天线高（m）：1．______ 2．______平均值 ______ 测后检核值______</td></tr>
<tr><td>量取天线高略图：</td><td colspan="3">备注：</td></tr>
</table>

GPS 外业观测手簿

观测者：________________　日　期：__________年______月______日

测站名：________________　测站号：__________时段号：________　天　气：

<table>
<tr><td>测站近似坐标：
经度：E________°________′
纬度：N________°________′
高程：________m</td><td>记录时间：□北京时间　□UTC
开始时间：
结束时间：</td></tr>
<tr><td colspan="2">接收机号________________　天线号________________
天线高（m）：1．________　2．________平均值　________　测后检核值________</td></tr>
<tr><td>量取天线高略图：</td><td>备注：</td></tr>
</table>

GPS 外业观测手簿

<table>
<tr><td>测站近似坐标：
经度：E________°________′
纬度：N________°________′
高程：________m</td><td>记录时间：□北京时间　□UTC
开始时间：
结束时间：</td></tr>
<tr><td colspan="2">接收机号________________　天线号________________
天线高（m）：1．________　2．________平均值　________　测后检核值________</td></tr>
<tr><td>量取天线高略图：</td><td>备注：</td></tr>
</table>

附表 9 精密光学水准仪 *i* 角检验

仪器： 水准尺：No. 观测者：

时间： No. 记录者：

日期： 成 像： 检查者：

测站	观测次序	水准标尺读数		高差 $(a-b)$ /mm	i 角的计算
		A 尺读数 a	B 尺读数 b		
J_1	1				A，B 标尺间距离 S=20.6 m， 2Δ (mm) = $(a_2-b_2)-(a_1-b_1)$ = mm $i''=10\Delta$= ″
	2				
	3				
	4				
	中数				
J_2	1				
	2				
	3				
	4				
	中数				
	1				
	2				
	3				
	4				
	中数				
	1				
	2				
	3				
	4				
	中数				

附图：

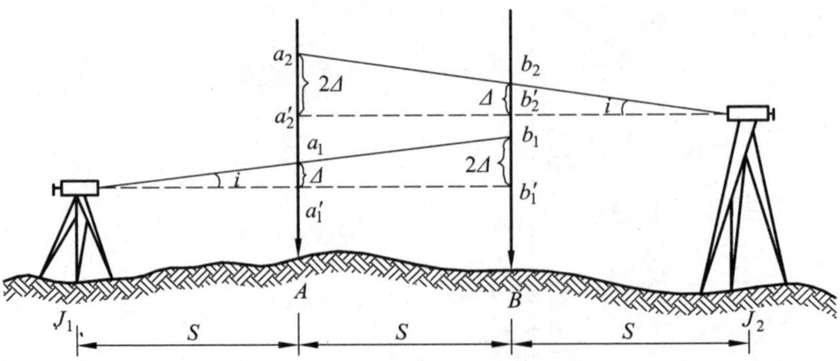

附表 10 一（二）等水准点点之记

水准路线名称：　　　　　　　　　　　　　　　　　　　点名：

<table>
<tr><td colspan="3">详细位置图：</td><td colspan="3">标石断面图：</td></tr>
<tr><td>所在图幅</td><td colspan="2"></td><td>标石类型</td><td colspan="2"></td></tr>
<tr><td>经纬度</td><td colspan="2"></td><td>标石质料</td><td></td><td></td></tr>
<tr><td>所在地</td><td colspan="3"></td><td>土地使用者</td><td></td></tr>
<tr><td>地别土质</td><td colspan="3"></td><td>地下水深度</td><td></td></tr>
<tr><td>交通路线</td><td colspan="5"></td></tr>
<tr><td>点位
详细说明</td><td colspan="5"></td></tr>
<tr><td>接管单位</td><td colspan="3"></td><td>保管人</td><td></td></tr>
<tr><td>选点单位</td><td></td><td>埋石单位</td><td></td><td>维修单位</td><td></td></tr>
<tr><td>选点者</td><td></td><td>埋石者</td><td></td><td>维修者</td><td></td></tr>
<tr><td>选点日期</td><td></td><td>埋石日期</td><td></td><td>维修日期</td><td></td></tr>
<tr><td>备注</td><td colspan="5"></td></tr>
</table>

一（二）等水准点点之记

水准路线名称：　　　　　　　　　　　　　　　　　　点名：

<table>
<tr><td colspan="3">详细位置图：</td><td colspan="3">标石断面图：</td></tr>
<tr><td>所在图幅</td><td colspan="2"></td><td>标石类型</td><td colspan="2"></td></tr>
<tr><td>经纬度</td><td colspan="2"></td><td>标石质料</td><td></td><td></td></tr>
<tr><td>所在地</td><td colspan="3"></td><td>土地使用者</td><td></td></tr>
<tr><td>地别土质</td><td colspan="3"></td><td>地下水深度</td><td></td></tr>
<tr><td>交通路线</td><td colspan="5"></td></tr>
<tr><td>点位
详细说明</td><td colspan="5"></td></tr>
<tr><td>接管单位</td><td colspan="3"></td><td>保管人</td><td></td></tr>
<tr><td>选点单位</td><td></td><td>埋石单位</td><td></td><td>维修单位</td><td></td></tr>
<tr><td>选点者</td><td></td><td>埋石者</td><td></td><td>维修者</td><td></td></tr>
<tr><td>选点日期</td><td></td><td>埋石日期</td><td></td><td>维修日期</td><td></td></tr>
<tr><td>备注</td><td colspan="5"></td></tr>
</table>

附表 11　一（二）等水准观测记录

______ 自______ 至______　　　　______ 年______ 月______ 日

时刻　始____时____分　末____时____分____　天气______ 温度______℃　云量______

成像______　风向风速______　土质______　太阳方向______

班级______　组别______　观测员______　记录员______

测站编号	后尺 上丝	前尺 上丝	方向及尺号	标尺读数		基＋*K*减辅（一减二）	备考
	后尺 下丝	前尺 下丝		基本分划（一次）	辅助分划（二次）		
	后视距	前视距					
	视距差 d	Σd					
			后	.	.		
			前	.	.		
			后－前	.	.		
			h		－ .		
			后	.	.		
			前	.	.		
			后－前	.	.		
			h		－ .		
			后	.	.		
			前	.	.		
			后－前	.	.		
			h		－ .		
			后	.	.		
			前	.	.		
			后－前	.	.		
			h		－ .		
			后	.	.		
			前	.	.		
			后－前	.	.		
			h		－ .		
			后	.	.		
			前	.	.		
			后－前	.	.		
			h		－ .		
			后	.	.		
			前	.	.		
			后－前	.	.		
			h		－ .		
			后	.	.		
			前	.	.		
			后－前	.	.		
			h		－ .		

一（二）等水准观测记录

________ 自 ________ 至 ________　　　　______ 年 ______ 月 ______ 日

时刻　始____时____分　末____时____分____　天气________　温度________℃　云量________

成像________　风向风速________　土质________　太阳方向________

班级________　组别________　观测员________　记录员________

测站编号	后尺 上丝 / 下丝	前尺 上丝 / 下丝	方向及尺号	标尺读数		基＋K减辅（一减二）	备考
	后视距	前视距		基本分划（一次）	辅助分划（二次）		
	视距差 d	Σd					
			后	.	.		
			前	.	.		
			后－前	.	.		
			h	－ .			
			后	.	.		
			前	.	.		
			后－前	.	.		
			h	－ .			
			后	.	.		
			前	.	.		
			后－前	.	.		
			h	－ .			
			后	.	.		
			前	.	.		
			后－前	.	.		
			h	－ .			
			后	.	.		
			前	.	.		
			后－前	.	.		
			h	－ .			
			后	.	.		
			前	.	.		
			后－前	.	.		
			h	－ .			
			后	.	.		
			前	.	.		
			后－前	.	.		
			h	－ .			
			后	.	.		
			前	.	.		
			后－前	.	.		
			h	－ .			

一（二）等水准观测记录

________自________至________　　　　________年________月________日

时刻　始____时____分　末____时____分____　天气________温度________℃　云量________

成像________　风向风速________　土质________　太阳方向________

班级________　组别________　观测员________　记录员________

测站编号	后尺 上丝 / 下丝 后视距 视距差 d	前尺 上丝 / 下丝 前视距 Σd	方向及尺号	标尺读数 基本分划（一次）	标尺读数 辅助分划（二次）	基 + K 减辅（一减二）	备考
			后	.	.		
			前	.	.		
			后－前	.	.		
			h		– .		
			后	.	.		
			前	.	.		
			后－前	.	.		
			h		– .		
			后	.	.		
			前	.	.		
			后－前	.	.		
			h		– .		
			后	.	.		
			前	.	.		
			后－前	.	.		
			h		– .		
			后	.	.		
			前	.	.		
			后－前	.	.		
			h		– .		
			后	.	.		
			前	.	.		
			后－前	.	.		
			h		– .		
			后	.	.		
			前	.	.		
			后－前	.	.		
			h		– .		
			后	.	.		
			前	.	.		
			后－前	.	.		
			h		– .		

附表 12　正常水准面不平行改正计算表

________等水准路线　自________至________　计算者：________

水准点编号	纬度 φ/(°　′)	观测高差 h/m	近似高程/m	平均高程 H/m	纬差 $\Delta\varphi$/(′)	$H\cdot\Delta\varphi$	正常水准面不平行改正 $-AH\Delta\varphi$/mm	附记

附表 13　三角高程计算表

测区：＿＿＿＿＿＿　计算者：＿＿＿＿＿＿　检查者：＿＿＿＿年＿＿＿＿月＿＿＿＿日

边名						
测向						
观测斜距 d						
竖直角 α						
仪器高 i						
棱镜高 v						
$h'=d\sin\alpha+i-v$						
$E=Cd^2\cos\alpha^2$						
$h=h'+E$						
往返测不符值						
高差中数						
边名						
测向						
观测斜距 d						
竖直角 α						
仪器高 i						
棱镜高 v						
$h'=d\sin\alpha+i-v$						
$E=Cd^2\cos\alpha^2$						
$h=h'+E$						
往返测不符值						
高差中数						
边名						
测向						
观测斜距 d						
竖直角 α						
仪器高 i						
棱镜高 v						
$h'=d\sin\alpha+i-v$						
$E=Cd^2\cos\alpha^2$						
$h=h'+E$						
往返测不符值						
高差中数						

附表 14 一（二）等水准测量外业高差和概略高程计算表

标石类型 水准点编号	水准点位置	纬度 φ	测段编号	测段距离 R/km	距起算点距离/km	往测方向	土质（土、砂、石松紧与植被等）	天气（阴晴和风力）		往测			返测			观测高差标尺长度改正		往返测高差不符值	不符值积累	加 δ 往返测高差中数 h' 正常水准面不平行改正 ε 闭合差改正 v	概略高程	备注
								往测	返测	施测月日	测站数 上午	测站数 上午	施测月日	测站数 上午	测站数 下午	往测	返测					
1	2	3	4	5	6	7	8	9	10	11	12	13	14	15	16	17	18	19	20	21	22	23

计算者：

参考文献

[1] 林玉祥. 控制测量[M]. 北京：测绘出版社，2013.

[2] 张慧慧，孙艳崇. 控制测量[M]. 沈阳：东北大学出版社，2014.

[3] 林玉祥. 控制测量实训指导书[M]. 北京：测绘出版社，2013.

[4] 张慧慧，孙艳崇. 控制测量实训教程[M]. 沈阳：东北大学出版社，2014.

[5] 许加东. 控制测量[M]. 北京：中国电力出版社，2011.

[6] 孔祥元，梅是义. 控制测量学[M]. 武汉：武汉大学出版社，2004.

[7] 中华人民共和国建设部，中华人民共和国国家质量监督检验检疫总局. 工程测量规范 GB50026-2007[S]. 北京：中国计划出版社，2008.

[8] 中华人民共和国建设部. 城市测量规范 CJJ 8—99[S]. 北京：中国建筑工业出版社，1999.

[9] 国家技术监督局. 国家一、二等水准测量规范 GB 12897—91[S]. 北京：中国标准出版社，1991.

[10] 国家测绘局. 测绘技术总结编写规定 CH/T 1001—2005[S]. 北京：测绘出版社，2006.

[11] 国家测绘局. 测绘技术设计规定 CH/T 1004—2005[S]. 北京：测绘出版社，2006.